高等职业院校基于工作过程项目式系列教程

AutoCAD 2023 项目式教程

山西财贸职业技术学院

天津滨海迅腾科技集团有限公司　编著

范文涵　孟祥英　主编

U0362116

南开大学出版社

天　津

图书在版编目(CIP)数据

AutoCAD 2023 项目式教程 / 山西财贸职业技术学院，
天津滨海迅腾科技集团有限公司编著；范文涵，孟祥英
主编. —天津：南开大学出版社，2023.7
高等职业院校基于工作过程项目式系列教程
ISBN 978-7-310-06448-9

Ⅰ.①A… Ⅱ.①山… ②天… ③范… ④孟… Ⅲ.①
AutoCAD 软件－高等职业教育－教材 Ⅳ.①TP391.72

中国国家版本馆 CIP 数据核字(2023)第 130141 号

主　编　范文涵　孟祥英
副主编　赵辰宁　徐　鉴　亓文斐
　　　　莫殿霞　吕耀华　张曼莉

AutoCAD 2023 项目式教程
AutoCAD 2023 XIANGMUSHI JIAOCHENG

南开大学出版社出版发行
出版人：陈　敬
地址：天津市南开区卫津路 94 号　　邮政编码：300071
营销部电话：(022)23508339　营销部传真：(022)23508542
https://nkup.nankai.edu.cn

河北文曲印刷有限公司印刷　全国各地新华书店经销
2023 年 7 月第 1 版　　2023 年 7 月第 1 次印刷
260×185 毫米　16 开本　20.25 印张　490 千字
定价：88.00 元

前　言

　　AutoCAD（Autodesk Computer Aided Design）是 Autodesk（欧特克）公司于 1982 年开发的一款自动计算机辅助设计软件，用于二维绘图、详细绘制、三维设计、参数化设计、协同设计，且集通用数据库管理和互联网通信功能于一体，因其具有操作简单、功能强大、性能稳定、兼容性好等优点而被广泛应用于机械、建筑、航天、轻工、军事等工程设计领域。

　　本书可操作性强，以 AutoCAD 2023 为载体，从初学者的角度出发，合理安排知识点，深入浅出，循序渐进，并注重图文并茂，言简意赅，结合大量实例进行讲解，针对实际设计工作中涉及的技术操作难点进行详细解析，让读者在最短的时间内掌握最有价值的知识难点，来应对不同场景的工作需求。本书编写以专业领域知识应用为核心，以真实热门案例为主体，运用"制作技能+设计应用"的全案例教学方式，系统地讲解如何使用 AutoCAD 2023 绘图及设计。

　　本书共分为 10 章，主要内容包括 AutoCAD 2023 基础，图层及线型管理，常用绘图命令与图形编辑，文字标注与图形注释，尺寸标注，图块、外部引用和设计中心，图形输出，室内设计，家装案例，建筑施工图，等等。本书配有丰富的教学资源，读者可与书中所讲案例配合起来学习，从而起到更好的学习效果。

　　本书内容丰富，实例典型，讲解详尽，既可作为大中专院校相关专业的教学用书，也可作为培训机构的培训教材，还可作为建筑设计爱好者的自学和参考用书。

　　由于时间仓促，加之编者水平有限，书中难免存在疏漏之处，恳请广大读者批评指正。

编　者
2023 年 2 月

目　录

项目一 AutoCAD 2023 基础

【学习目标】

通过本项目的学习，熟悉 AutoCAD 2023 的工作界面，掌握调用 AutoCAD 命令的方法，掌握绘图环境的设置方法，等等。

【项目综述】

在开始 AutoCAD 2023 任务模式学习前，AutoCAD 基础是不可或缺的，从第一步的安装到熟悉 CAD 的工作界面，到下一步的绘图世界的环境设置，都是进入 CAD 学习的必要过程。在本章学习结束后，我们将进入一个全新的绘图模式。

【任务简介】

1. 任务要求与效果展示

修改【草图设置】里的【对象捕捉模式】命令，并开启【捕捉对象】。如图 1-1 所示。

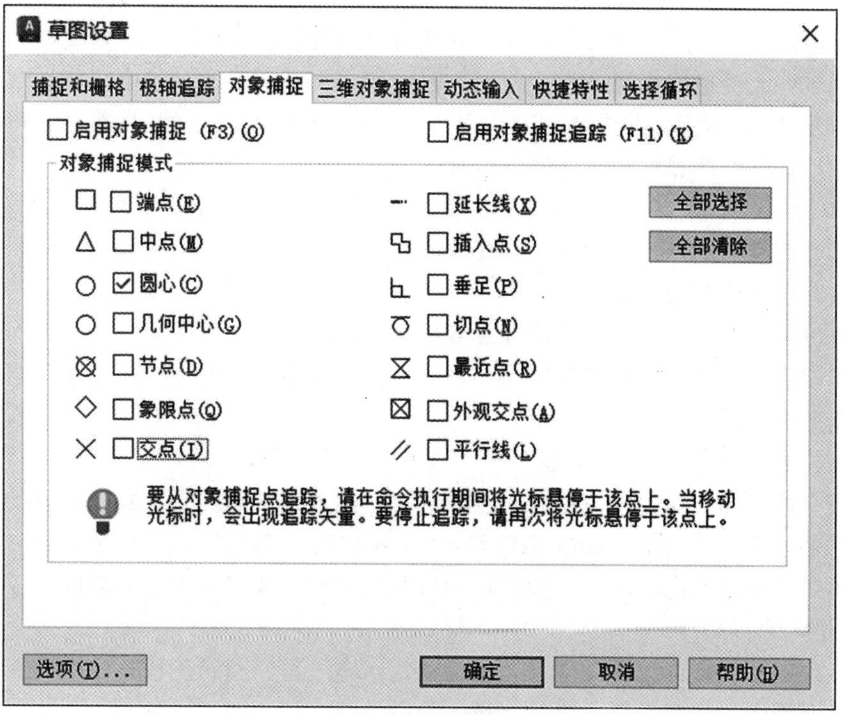

图 1-1 设置捕捉

2. 知识技能目标

切换不同标题栏及下拉菜单的不同命令，了解工具栏和修改栏的不同命令。

【任务实施】

任务子模块 1
AutoCAD 2023 基础知识

AutoCAD 是基础课程中计算机辅助设计的工具软件，同学们要将专业基础打扎实，坚持以人民为中心的创作导向，推出更多具有精神力量的优秀作品，培育造就大批德艺双馨的文学艺术家和规模宏大的文艺人才队伍，有效激发学习热情，从而提高艺术修养。

通过本模块了解 AutoCAD 的发展史、功能和领域，并学会安装 AutoCAD 2023 版本。

【重点和难点】

了解 AutoCAD 的基本特点及应用领域。熟悉 AutoCAD 的功能，并能够正确安装 AutoCAD 2023。

一、AutoCAD 简介

AutoCAD 是 Autodesk（欧特克）公司于 1982 年开发的一款自动计算机辅助设计软件，用于二维绘图、详细绘制、设计文档和基本三维设计，用户无须懂得编程，即可用它自动制图，因此它在全球广泛使用，可以用于装饰装潢、工业制图、土木建筑、工程制图、电子工业、服装加工等多个领域，现已经成为国际上广为流行的绘图工具。AutoCAD 具有良好的用户界面，通过交互菜单或命令行方式便可以进行各种操作。它的多文档设计环境，让非计算机专业人员也能很快地学会使用。我们可在不断实践的过程中更好地掌握它的各种应用和开发技巧，从而不断提高工作效率。AutoCAD 具有广泛的适应性，它可以在各种操作系统支持的微型计算机和工作站上运行。

1. 基本特点

（1）具有完善的图形绘制功能；

（2）具有强大的图形编辑功能；

（3）可以采用多种方式进行二次开发或用户定制；

（4）可以进行多种图形格式的转换，具有较强的数据交换能力；

（5）支持多种硬件设备；

（6）支持多种操作平台；

（7）具有通用性、易用性，适用于各类用户。此外，从 AutoCAD 2000 开始，该软件又增添了许多强大的功能，如 AutoCAD 设计中心（ADC）、多文档设计环境（MDE）、Internet 驱动、新的对象捕捉功能、增强的标注功能以及局部打开和局部加载的功能。

2. 应用领域

（1）工程制图：装饰设计、环境艺术设计、水电工程、建筑工程、土木施工等；

（2）工业制图：精密零件、模具、设备等；

（3）服装加工：服装制版；

（4）电子工业：印刷电路板设计。

3．基本功能

（1）平面绘图：能以多种方式创建直线、圆、椭圆、多边形、样条曲线等基本图形对象。AutoCAD 提供了正交、对象捕捉、极轴追踪、捕捉追踪等绘图辅助工具。正交功能使用户可以很方便地绘制水平、竖直直线，对象捕捉可帮助拾取几何对象上的特殊点，而追踪功能使画斜线及沿不同方向定位点变得更加容易。

（2）编辑图形：AutoCAD 具有强大的编辑功能，可以移动、复制、旋转、阵列、拉伸、延长、修剪、缩放对象等。

● 标注尺寸。AutoCAD 可以创建多种类型尺寸，标注外观可以自行设定。

● 书写文字。AutoCAD 能轻易在图形的任何位置、沿任何方向书写文字，可设定文字字体、倾斜角度及宽度缩放比例等属性。

● 图层管理功能。图形对象都位于某一图层上，可设定图层颜色、线型、线宽等特性。

（3）三维绘图：可创建 3D 实体及表面模型，能对实体本身进行编辑。

● 网络功能。用户可将图形发布到网络上，或是通过网络访问 AutoCAD 资源。

● 数据交换。AutoCAD 提供了多种图形图像数据交换格式及相应命令。

二、AutoCAD 2023 介绍

Autodesk 公司按照惯例，于 2022 年 3 月 30 号正式发布了 AutoCAD 2023 简体中文版，如图 1-2 所示。Autodesk 公司近几年来对 AutoCAD 系列软件不断进行更新、完善和改进，新推出的 AutoCAD 2023 版本是世界领先的 2D 和 3D CAD 工具，允许用户使用其强大而灵活的功能来设计和塑造周围的世界，在 3D 中加速文档编制、无缝分享想法并更直观地探索想法。AutoCAD 软件拥有数以千计的可用附加组件，可提供最大的灵活性，并可根据特定需求进行定制。

AutoCAD 2023 简称为"CAD 2023"，主要用于二维绘图、详细绘制、设计文档和基本三维设计。这款软件不仅具有良好的用户界面，可以帮助用户轻轻松松地完成各种操作，还拥有多文档设计环境，且为设计师提供了各种快捷键和命令行，一旦其熟悉了此软件，在使用它制作数据的时候可以轻松提高一半的工作效率，其三维建模和可视化、二维草图、图形和注释、协作及专业化工具组合等功能可以更好地让设计师创建精确的二维和三维图形。

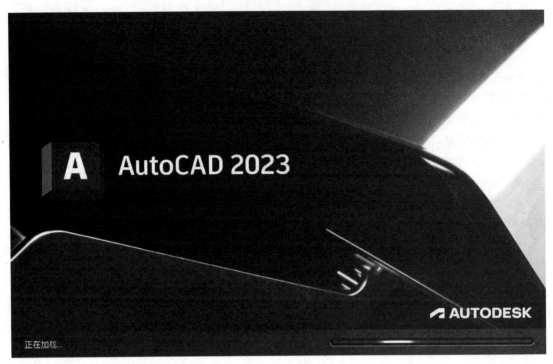

图 1-2　AutoCAD 2023

1. AutoCAD 2023 新增功能

（1）标记导入和标记辅助。CAD 2023 可以快速发送反馈并将反馈整合到设计师的设计中。CAD 2023 也可以从打印的图纸或 PDF 导入反馈，并自动将更改添加到图形，而无需其他绘图步骤。

（2）我的见解。CAD 2023 可以在适合的时间和适合的环境中获取有用的提示和有价值的信息，帮助设计师更快地完成项目。

（3）AutoCAD Web API。AutoCAD Web 应用中提供有 AutoCAD LISP API，专供 AutoCAD 固定期限的使用许可用户使用。用户无论是在旅途中、在作业现场还是在其他任何地方，都可以创建自己的自定义项，以便在 AutoCAD Web 应用中使用 LISP 自动执行序列。

（4）图纸集管理器。CAD 2023 打开图纸集的速度比以往版本更快，并可以使用 Autodesk 远程服务平台，使向团队成员发送图纸集以及打开从团队成员那里接收的图纸集变得更加快速、安全。

（5）计数。用户可以使用菜单自动计算选定区域或整个图形中的块或对象数，以便识别错误并浏览已计数的对象。

任务子模块 2
AutoCAD 工作界面介绍

新时代党的创新理论深入人心，社会主义核心价值观广泛传播，中华优秀传统文化得到创造性转化、创新性发展，文化事业日益繁荣，设计作品也是一种文化呈现。AutoCAD作为设计专业中不可缺少的工具，需要我们认真加以学习，深刻理解学以致用才是学习的真意。

本模块主要学习 AutoCAD 2023 绘图的有关基础知识，了解 AutoCAD 2023 的工作界面，以帮助学生更快地熟悉其操作环境。

【重点和难点】

工具栏是工作界面的重中之重，只有熟悉了 AutoCAD 的工具栏，才能灵活自由地在绘图区绘出完美的施工图。我们需要掌握工具栏的基本绘图、修改、注释工具的名称和功能作用，使用工具时要注意到命令窗口的提示。

启动 AutoCAD 2023 后进入该软件的开始界面，如图 1-3 所示。点击【新建】即可打开工作界面，AutoCAD 2023 操作界面由标题栏、菜单栏、工具栏、绘图窗口、命令窗口、状态栏等元素组成，如图 1-4 所示。

图 1-3　开始界面

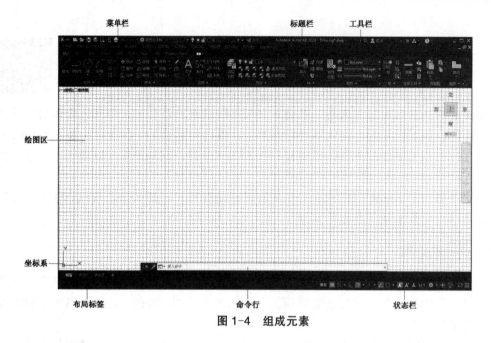

图 1-4　组成元素

一、标题栏

工作界面最上端的横条部分是标题栏，它显示了当前应用程序的名称，如果该文件是新建文件，还未命名保存，则会显示"Autodesk AutoCAD 2023 Drawing1.dwg""Autodesk AutoCAD 2023 Drawing2.dwg"等作为默认的文件名，如图 1-5 所示。

图 1-5　标题栏

二、菜单栏

在标题栏的下方是菜单栏。AutoCAD 2023 的菜单栏包含 13 个菜单：【文件】、【编辑】、【视图】、【插入】、【格式】、【工具】、【绘图】、【标注】、【修改】、【参数】、【窗口】、【帮助】、【Express】，如图 1-6 所示。下拉菜单包含多个子菜单，几乎包含了所有的绘图和编辑命令。

图 1-6　菜单栏

三、工具栏

在使用 AutoCAD 2023 进行绘图时，大部分的命令可以通过工具栏来执行，如【绘图】、【修改】、【标注】等操作。启动 AutoCAD 2023 后，AutoCAD 会根据默认设置显示【绘图】、【修改】、【注释】、【图层】、【块】、【特性】、【组】、【实用工具】、【剪贴板】和【视图】基本工具栏，如图 1-7 所示。在室内设计应用中常用的画图工具即【绘图】、【修改】和【注释】。

图 1-7　工具栏

AutoCAD 工具按钮众多，初学者可能对每一个工具按钮的功能都不太熟悉。这时，初学者可以将光标停留在某工具按钮上方半秒钟左右，光标的右下角会出现一个黄色的小标签，标签会显示该工具按钮所代表的命令名称和启动命令的快捷键，如图 1-8 所示。

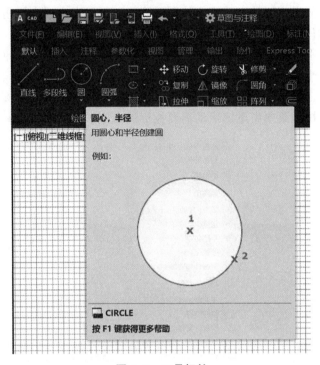

图 1-8　工具标签

　　在工具栏的标题栏或者非工具按钮的位置上按下鼠标左键，然后拖动鼠标可以将工具栏移动到工作区的任意位置。

四、绘图区

　　绘图区是用户绘图的工作区域，所有的绘图结果都反映在这个窗口中，如图 1-9 所示。用户可以关闭不需要的工具栏以增大工作区域；在工作区中可以使用十字光标确定点的位置、捕捉或选择图形对象、绘制基本图形。

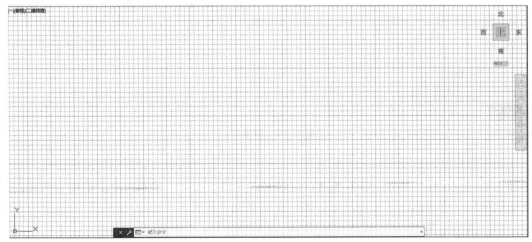

图 1-9　绘图区

在工作区输入工具命令的快捷键前需要提前切换成英文输入法。如果想要选择局部图形对象，可以点击鼠标左键从左向右框选；如果想要选择全部图形对象，可以点击鼠标左键从右向左点选；如果想要放大或缩小绘图区窗口，可以向上或向下滑动鼠标滚轮；如果想要移动绘图区窗口，可以按动鼠标中间的滚轮移动。

在绘图区的左下方是坐标系图标，主要由纵向的 Y 轴与横向的 X 轴组成，分别指向绘图区上方和右方，坐标用于协助用户确定绘图的方向。

在工作区中右击鼠标可以打开快捷菜单。快捷菜单集中了与所选图形对象相关的常用命令，用户可以在快捷菜单中迅速启动需要执行的命令，如图 1-10 所示。

图 1-10　快捷菜单

绘图区的下方有【模型】和【布局】选项卡，单击鼠标左键可以在模型空间和图纸空间之间进行切换。

五、命令行

命令窗口位于绘图区的下方，它由一系列命令行组成。用户可以从命令行中获得操作提示信息，并通过命令行输入命令和绘图参数以便准确快速地进行绘图。

命令行白色条框用于接受用户输入的命令，并显示 AutoCAD 提示信息；上面阴影虚框是命令历史窗口，它包含工具操作后所用的历史命令及提示信息。如图 1-11 所示。

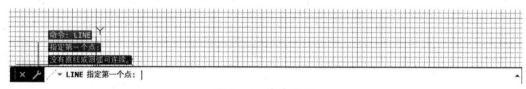

图 1-11　命令窗口

命令窗口是用户和 AutoCAD 进行对话的窗口，通过该窗口可发出绘图等命令，与菜单和工具栏按钮操作等效。在绘图时，应特别注意这个窗口，输入命令后的提示信息，如有错误信息、命令选项及其提示信息都将在该窗口中显示。

六、布局标签

AutoCAD 2023 系统默认设定一个【模型】空间布局标签和【布局 1】、【布局 2】两个图纸空间布局标签，切换到【布局 1】和【布局 2】标签的绘图区，如图 1-12 所示。

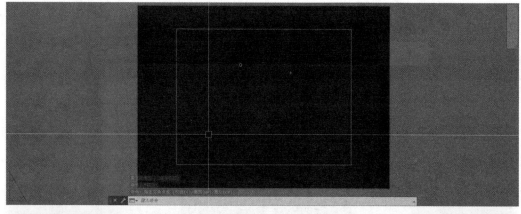

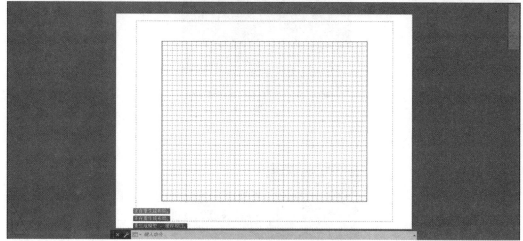

图 1-12　布局标签的绘图区

【模型】AutoCAD 的空间分模型空间和图纸空间。模型空间是我们通常绘图的环境，而在图纸空间中，用户可以创建叫作浮动视口的区域，以不同视图显示所绘图形。用户可以在图纸空间中调整浮动视口并决定所包含视图的缩放比例。如果选择图纸空间，则可打印多个视图，用户可以打印任意布局的视图。

【布局】布局是系统为绘图设置的一种环境，包括图纸大小、尺寸单位、角度设定、数值精确度等，在系统预设的三个标签中这些环境变量都按默认设置。用户根据实际需要改变这些变量的值。比如：默认的尺寸单位是米制的毫米，如果绘制的图形是使用英制的英寸，就可以改变尺寸单位环境变量的设置，用户也可以根据自己的需要设置符合自己要求的新标签。

七、状态栏

状态栏位于 AutoCAD 窗口的最底端，用来显示当前十字光标所处的三维坐标和 AutoCAD 绘图辅助工具的开关状态。

在绘图窗口中移动光标时，状态栏的坐标区将动态地显示当前坐标值。在 AutoCAD 中，坐标显示取决于所选择的模式和程序中运行的命令，共有【相对】、【绝对】和【关】

3 种模式。

　　状态栏中包括【栅格】、【捕捉】、【正交】、【等轴】、【极轴】、【对象捕捉】、【对象追踪】等按钮，如图 1-13 所示。

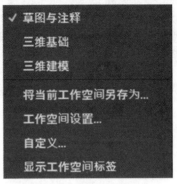

图 1-13　状态栏

　　单击 ⚙ ▼ 按钮可以切换工作空间，如图 1-14 所示。

✓ 草图与注释

三维基础

三维建模

将当前工作空间另存为…

工作空间设置…

自定义…

显示工作空间标签

图 1-14　设置工作空间

　　单击 ≡ 按钮可以自定义状态栏，如图 1-15 所示。

图 1-15　自定义状态栏

八、十字光标

在绘图区内有一个十字光标，其交点表示光标当前所在的位置，用它可以绘制和选择图形。移动鼠标时，光标会因为位于界面的不同位置而改变形状，以反映出不同的操作。可以根据自己的习惯对十字光标的大小进行设置。

选择【工具】-【选项】-【显示】命令或在命令行中输入 OPTIONS 命令打开【选项】对话框，选择【显示】选项卡，在右下方的十字光标大小中更改参数以调整大小，如图 1-16 所示。

图 1-16 【显示】选项卡

任务子模块 3
AutoCAD 文件管理

坚定中国特色社会主义道路自信、理论自信、制度自信、文化自信，坚持道不变、志不改，确保党和国家事业始终沿着正确方向胜利前进。学习 CAD 的过程中，我们需从创建文件到作图一步步进行，需要不断锤炼自己的专业技能，提高审美能力、储备广博的知识和阅历、培养敏锐的洞察力。

本模块主要学习 AutoCAD 2023 的图形文件管理，了解图形文件的创建、打开、保存以及关闭。

【重点和难点 】

掌握打开的文件弹出位置和另存为格式及文件位置。

区别新建和打开、保存和另存为操作。

一、创建新图形文件

在绘制图形之前，需要先新建一个图形文件，有以下 4 种方法：

1. 打开开始界面，选择【新建】命令，在下拉菜单中选择一种样板文件类型，如图 1-17 所示。

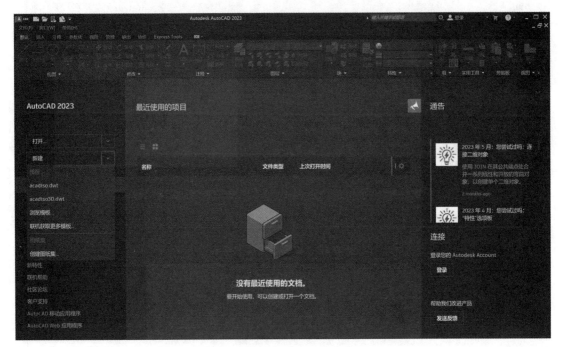

图 1-17　选择【新建】命令

2. 单击　图标，选择【新建】命令，如图 1-18 所示。在弹出的【选择样板】对话框中，用户可以在【名称】列表框中选择一个样板文件，在右侧的【预览】中会显示样板文件的预览图像，如图 1-19 所示。选中其中一个预览图像，单击【打开】按钮，即可以样板文件作为样板去新建图形。

图 1-18　单击【新建】命令

图 1-19　【选择样板】对话框

3. 单击标题栏上的 ▭ 图标按钮，如图 1-20 所示，即可打开【选择样板】对话框，如图 1-18 所示，选择一个样板文件打开后新建图形。

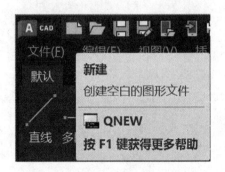

图 1-20　单击【新建】图标

4. 在命令行中输入"NEW"命令，如图 1-21 所示。

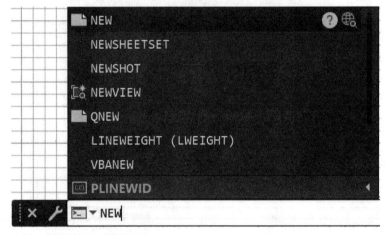

图 1-21　命令行输入 NEW 命令

样板文件通常包含与绘图相关的一些通用设置，如图层、线型和文字样式等；还包括一些通用图形对象，如标题栏和图幅框等。

利用样板创建新图形，可以避免绘图设置和绘制相同图形对象类似的重复操作，在提高了绘图效率的同时还保证了图形的一致性。

二、打开新图形文件

打开已有文件，有以下 4 种方法：

1. 打开开始界面，选择【打开】命令，在下拉菜单中打开已有的文件，如图 1-22 所示。

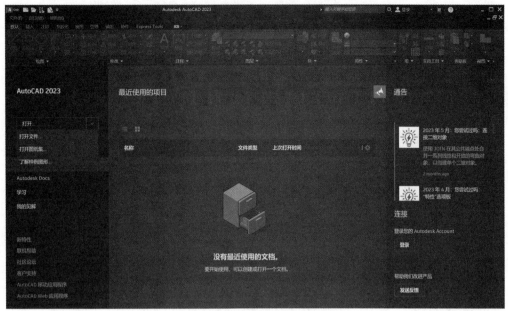

图 1-22 选择【打开】命令

2．单击 图标，选择【打开】命令，如图 1-23 所示。单击【图形】命令，在弹出的【选择文件】对话框中，用户可以在【查找范围】里打开需要的图形文件，在右侧的【预览】中会显示文件的预览图像，如图 1-24 所示。单击【打开】按钮，即可打开需要的图形文件。

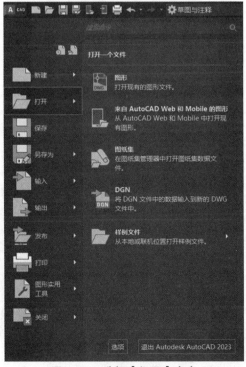

图 1-23 选择【打开】命令

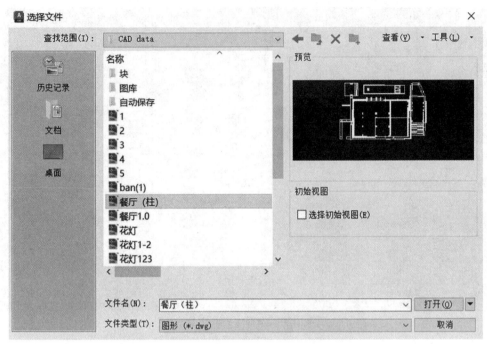

图 1-24　【选择文件】对话框

3. 单击标题栏上的 图标按钮，如图 1-25 所示，即可打开【选择文件】对话框，打开需要的图形文件。

图 1-25　单击【打开】图标

4. 命令行输入"OPEN"命令，如图 1-26 所示。

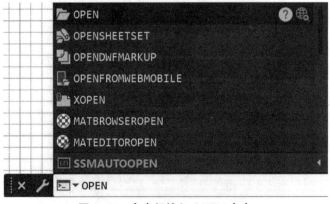

图 1-26　命令行输入 OPEN 命令

三、保存新图形文件

AutoCAD 2023 有多种方式将所绘制的图形以文件形式存入磁盘。

1. 快速存盘

（1）单击 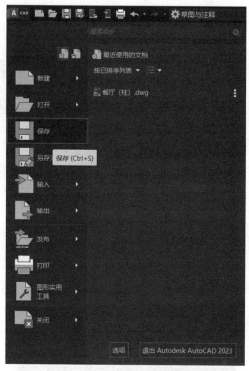图标，选择【保存】命令，如图 1-27 所示。

图 1-27　选择【保存】命令

（2）单击标题栏上的 图标按钮，进行图形文件保存。

（3）在命令行中输入"SAVE"命令，进行图形文件保存，如图 1-28 所示。

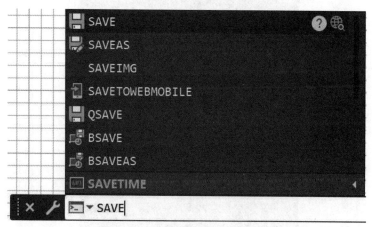

图 1-28　命令行输入 SAVE 命令

　　执行快速存盘命令后，AutoCAD 把当前编辑的已命名图形直接以原文件名存入磁盘，不再提示输入文件名，会默认保存到 AutoCAD 系统位置。如果当前所绘制的图形没有命名，AutoCAD 则会弹出【图形另存为】对话框，如图 1-29 所示，在该对话框中用户可以指定图形文件的存放位置、文件名以及存放类型等。

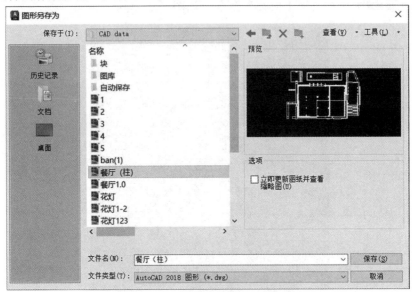

图 1-29　【图形另存为】对话框

2. 另存为图形

（1）单击 图标，选择【另存为】命令，如图 1-30 所示。

图 1-30　选择【另存为】命令

（2）单击标题栏上的 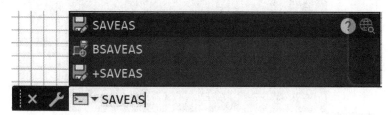 图标按钮，执行图形文件另存为。

（3）在命令行中输入"SAVEAS"命令，执行图形文件另存为，如图 1-31 所示。

图 1-31　命令行输入 SAVEAS 命令

执行上面的操作后，AutoCAD 将会弹出【图形另存为】对话框，在该对话框中指定图形的保存位置和文件名，即可将当前编辑的图形以新的名字保存，如图 1-29 所示。

四、关闭新图形文件

1. 单击 图标，选择【关闭】命令，如图 1-32 所示。

图 1-32　选择【关闭】命令

2. 在命令行中输入"CLOSE"命令，如图 1-33 所示。

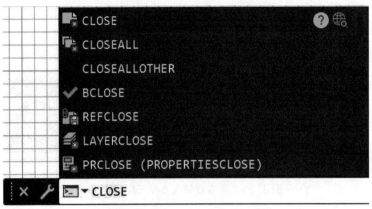

图 1-33　命令行输入 CLOSE 命令

3. 在工作界面右上角直接单击【关闭】按钮，如图 1-34 所示。

图 1-34　【关闭】按钮

执行了上面的操作后，如果当前图形文件没有存盘，AutoCAD 就会弹出如图 1-35 所示的提示对话框。在提示对话框中有 3 个按钮，含义分别如下。

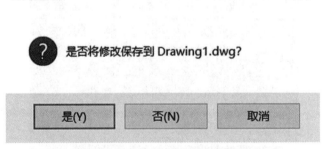

图 1-35　【关闭】提示对话框

（1）【是】如果单击该按钮，将打开【图形另存为】对话框，表示在退出之前，先要保存当前的图形文件；

（2）【否】如果单击该按钮，则表示不保存当前的图形文件，而直接退出；

（3）【取消】此按钮表示不执行退出命令，返回到工作界面。

任务子模块 4
AutoCAD 绘图环境设置

全面贯彻党的基本理论、基本路线、基本方略，采取一系列战略性举措，推进一系列变革性实践，实现一系列突破性进展，取得一系列标志性成果，经受住来自政治、经济、意识形态、自然界等方面的风险挑战考验，党和国家事业取得了历史性成就、发生了历史性变革，推动我国迈上全面建设社会主义现代化国家新征程。作为一名设计师，要善于打破惯性思维，从事物的表象挖掘事物的本质，主动调整、主动变化，在调整和变化中寻求到新的发展路径。

AutoCAD 2023 是完全数字化的绘图软件，通过模块学习，掌握绘图环境设置中的【精确绘图辅助工具】、【工作空间设置】、【坐标系设置】等，可以为后续设计工作带来更大便利。

【重点和难点】

打开 AutoCAD，首先要对【草图设置】对话框的每个复选框进行设置，才可执行后续绘图操作。

掌握【草图设置】中的每个功能的区别，熟记打开每个对话框的快捷命令，不能将它们混淆。

一、绘图辅助工具设置

在设置绘图环境之前先把 AutoCAD 的工作空间切换到经典模式。

在绘图过程中，仅使用鼠标这样的定点工具对图形文件进行定位虽然方便快捷，但往往所绘制的图形精度不高。为了解决这一问题，AutoCAD 2023 提供了捕捉模式、栅格显示、正交模式、极轴追踪、对象捕捉和对象追踪捕捉等一些绘图辅助功能，帮助用户精确绘图。

用户可以打开【草图设置】对话框来设置部分绘图辅助功能，如图 1-36 所示。在【草图设置】对话框中，【捕捉和栅格】、【极轴追踪】和【对象捕捉】选项卡分别用来设置捕捉和栅格、极坐标跟踪功能和对象捕捉功能。打开该对话框有 3 种方法。

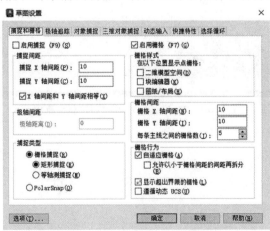

图 1-36　【草图设置】对话框

　　1. 选择菜单栏中的【工具】菜单，单击【绘图设置】命令，如图 1-37 所示，即可打开【草图设置】对话框。

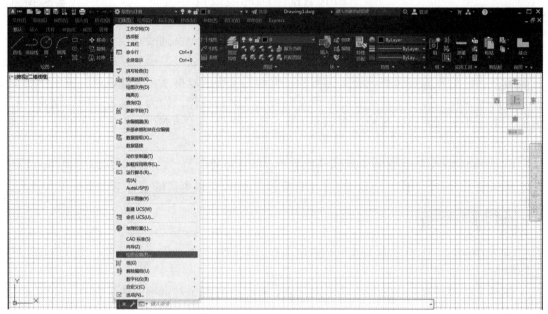

图 1-37　【绘图设置】命令

　　2. 在命令行中输入"DSETTINGS"命令，再按 Enter 或空格键，如图 1-38 所示；或者在绘图区输入 DS 命令，再按 Enter 或空格键，如图 1-39 所示，即可弹出【草图设置】对话框。

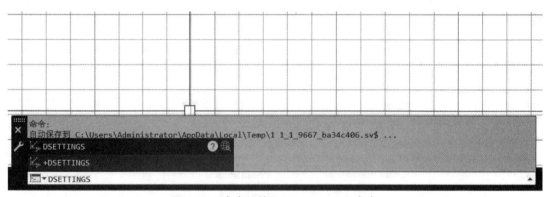

图 1-38　命令行输入 DSETTINGS 命令

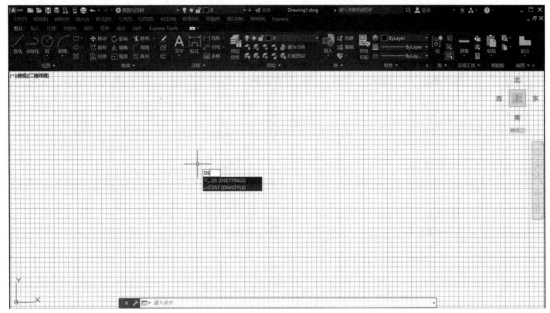

图 1-39　绘图区输入 DS 命令

3. 右击状态栏中的【捕捉】、【栅格】、【极轴】、【对象捕捉】和【对象追踪】5 种切换按钮之一，选择对应的【设置】命令，如图 1-40 所示，即可弹出【草图设置】对话框。

图 1-40　设置命令

（1）【栅格和捕捉】【栅格】（Grid）是可见的位置参考坐标，是由用户控制是否可见但在打印中却不呈现的点所构成精确定位的网络与坐标值，它可以帮助我们进行定位，当栅格和捕捉配合使用时，可以提高绘图的精确度。栅格显示只是一种绘制图形时的参考背景，而【捕捉】（Snap）则能够约束鼠标的十字光标移动。捕捉功能用于设置一个鼠标移动的固定步长，从而使绘图区的光标在 X 轴和 Y 轴方向的移动量总是步长的整数倍，以提高绘图的精度。一般情况下，捕捉和栅格可以互相配合使用，以保证鼠标移动十字光标能够捕捉到图形精确的位置。

①【启用栅格】由于 AutoCAD 只在绘图区内显示栅格，所以栅格显示的范围与用户所指定的绘图间隙的大小有关。在放大和缩小图形的时候，用户需要重新调整栅格的间距，使其适合新的缩放比例。

可以使用以下方法打开或关闭栅格：

在【草图设置】对话框的【捕捉和栅格】选项卡中，选择【启用栅格】复选框，如图 1-41 所示，然后单击【确定】按钮，即可启用或关闭栅格。

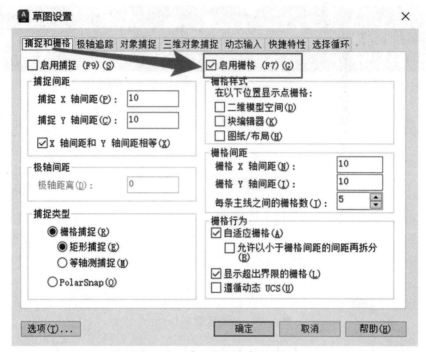

图 1-41 【启用栅格】复选框

单击状态栏上的【显示图形栅格】按钮，如果按钮呈蓝色，则表示已经启用栅格，如图 1-42 所示，再次单击可以关闭栅格，默认状态是关闭栅格。

图 1-42 【显示图形栅格】按钮

按 F7 键或按 Ctrl+G 组合键可以切换打开和关闭栅格显示。

在命令行中输入"GRID"命令，如图 1-43 所示，根据提示，输入"ON"将显示栅格，输入"OFF"将关闭栅格，如图 1-44 所示。

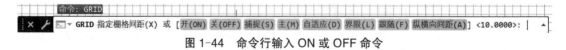

图 1-43 命令行输入 GRID 命令

图 1-44 命令行输入 ON 或 OFF 命令

②设置栅格间距：为了方便图形绘制，需要随时调整栅格的横竖间距。间距设置有以下方法：

通过【草图设置】对话框完成间距的设置。在【栅格间距】选项组内有两个文本框，【栅格 X 轴间距】文本框用于输入栅格点阵在 X 轴方向的间距，【栅格 Y 轴间距】文本框用于输入 Y 轴方向的间距。如图 1-45 所示。

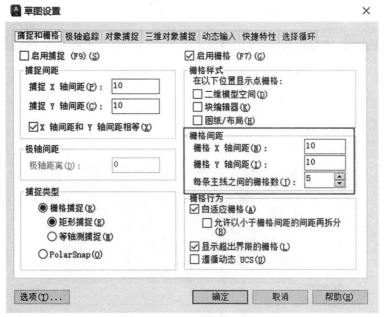

图 1-45　【栅格间距】设置

在命令行中输入"GRID"命令进行设置。

③【启用捕捉】当捕捉模式处于打开状态，移动鼠标时就会发现，十字光标会被吸附在栅格点上。用户通过设置 X 轴和 Y 轴方向的间距可以便捷地控制鼠标的精度。捕捉模式由开关控制可以在其他命令执行期间打开或关闭。切换捕捉模式有以下方法：

在【草图设置】对话框的【捕捉和栅格】选项卡中，选择【启用捕捉】复选框，如图 1-46 所示，然后单击【确定】按钮，即可启用或关闭捕捉。

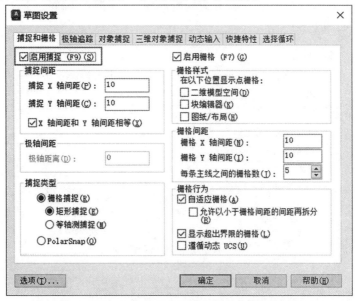

图 1-46　【启用捕捉】复选框

单击状态栏上的【捕捉模式】按钮，如果按钮呈蓝色，则表示已经启用栅格，如图 1-47 所示，再次单击可以关闭捕捉，默认状态是关闭捕捉。

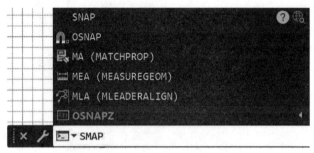

图 1-47　【捕捉模式】按钮

按 F9 键可以切换打开和关闭捕捉。

在命令行中输入"SNAP"命令，如图 1-48 所示，根据提示，输入"ON"将显示栅格，输入"OFF"将关闭栅格，如图 1-49 所示。

图 1-48　命令行输入 SNAP 命令

图 1-49　命令行输入 ON 或 OFF 命令

④设置捕捉间距：捕捉间距不必与栅格间距相同，可以大于栅格间距。

间距设置有以下方法：

通过【草图设置】对话框完成间距的设置。在【捕捉间距】选项组内有两个文本框，【捕捉 X 轴间距】文本框用于设置 X 轴方向的间距，【捕捉 Y 轴间距】文本框用于设置 Y 轴方向的间距。如图 1-50 所示。

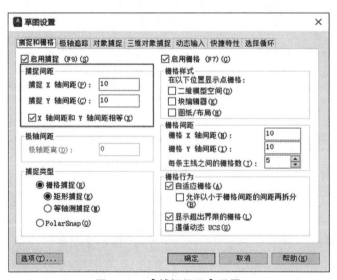

图 1-50　【捕捉间距】设置

在命令行中输入 SNAP 命令进行设置。

（2）【对象捕捉】相对于手工绘图来说，AutoCAD 可以绘制出非常精确的工程图，【对象捕捉】可以在绘图中用来控制精确性。可以用对象捕捉快捷地捕捉到这些视觉很难捕捉到的关键几何点，如端点、中点、圆心和交点、切点等。

①【启用对象捕捉】可以用以下方法打开或关闭对象捕捉。

在【草图设置】对话框的【对象捕捉】选项卡中，选择【启用对象捕捉】复选框，如图 1-51 所示，然后单击【确定】按钮，即可启用或关闭对象捕捉。

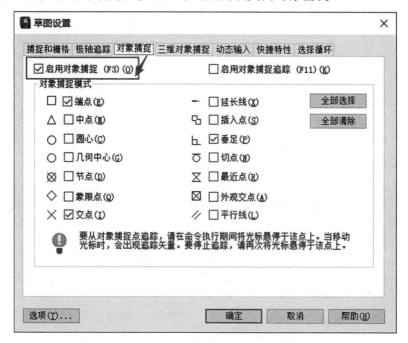

图 1-51　【启用对象捕捉】复选框

单击状态栏右侧的【对象捕捉】按钮，如果按钮呈蓝色，则表示已经启用对象捕捉，如图 1-52 所示，再次单击可以关闭对象捕捉，默认状态是关闭对象捕捉。

图 1-52　打开【对象捕捉】按钮

按 F3 键可以切换打开和关闭对象捕捉。

设置系统变量 Osmode 的值，1 表示打开自动对象捕捉模式，0 表示关闭对象捕捉模式。

②设置自动对象捕捉：当设置为自动对象捕捉功能后，在绘图过程中将一直保持对象捕捉状态，直到将其关闭为止。自动捕捉功能需要通过【草图设置】对话框来设置。

在命令行中输入"DSETTINGS（或 OSNAP）"，或在工作区直接输入该命令都会打开【草图设置】对话框，并同时打开【对象捕捉】选项卡，在【对象捕捉模式】复选框勾选需要捕捉的点或线，如图 1-53 所示。

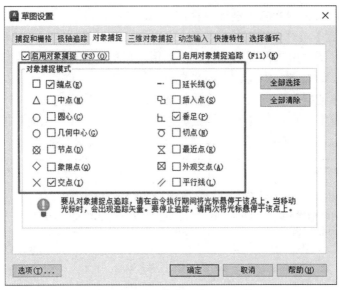

图 1-53　设置【对象捕捉模式】

单击选择【草图设置】对话框左下角的【选项】按钮，即可打开【选项】对话框，可以在该对话框里进一步设置，如图 1-54 所示。

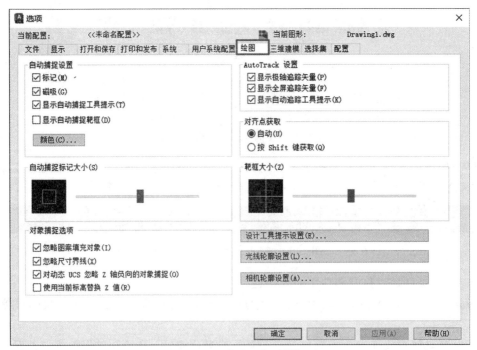

图 1-54　【选项】对话框

（3）【对象捕捉追踪】对象捕捉追踪和极轴追踪都是可以进行自动追踪的辅助绘图工具选项。自动追踪功能就是 AutoCAD 可以自动追踪十字光标所经过的捕捉点，可以准确快速地确定所需要选择的定位点。自动追踪可以用指定的角度绘制对象。当自动追踪打开时，临时的对齐路径有助于以精确的位置和角度创建对象。

使用对象捕捉追踪，可以沿着对齐路径（指基于对象端点、中点或交点等的对象捕捉点）进行追踪。

【启用对象捕捉追踪】可以用以下方法打开或关闭对象捕捉追踪。

在【草图设置】对话框的【对象捕捉】选项卡中，选择【启用对象捕捉追踪】复选框，如图 1-55 所示，然后单击【确定】按钮，即可启用或关闭对象捕捉追踪。

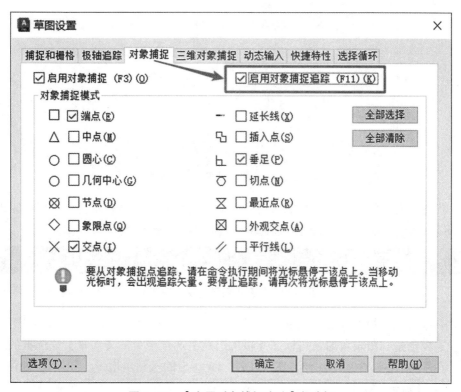

图 1-55　【启用对象捕捉追踪】复选框

单击状态栏右侧的【对象捕捉追踪】按钮，如果按钮呈蓝色，则表示已经启用对象捕捉追踪，如图 1-56 所示，再次单击可以关闭对象捕捉追踪，默认状态是关闭。

图 1-56　打开【对象捕捉追踪】按钮

按 F11 键可以切换打开和关闭对象捕捉追踪。

（4）【极轴追踪】使用极轴追踪（Polar）工具进行追踪时，对齐路径是由相对于命令起点和端点的极轴角定义的。

①【启用极轴追踪】可以用以下方法打开或关闭极轴追踪。

在【草图设置】对话框的【极轴追踪】选项卡中，选择【启用极轴追踪】复选框，如图 1-57 所示，然后单击【确定】按钮，即可启用或关闭极轴追踪。

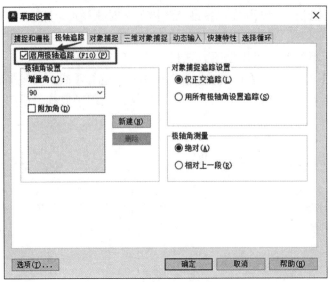

图 1-57　【启用极轴追踪】复选框

单击状态栏右侧的【极轴追踪】按钮，如果按钮呈蓝色，则表示已经启用极轴追踪，如图 1-58 所示，再次单击可以关闭极轴追踪，默认状态是关闭。

图 1-58　打开【极轴追踪】按钮

按 F10 键可以切换打开和关闭极轴追踪。

②设置极轴角：极轴角增量可以在【极轴追踪】选项卡中的【增量】复选框的下拉列表选择，有 90°、45°、30°、22.5°、18°、15°、10°、5°的极轴角增量。如图 1-59 所示。

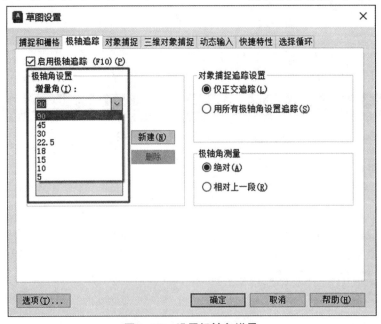

图 1-59　设置极轴角增量

（5）【正交模式】在绘制水平或者垂直线条时，会很难实现精准绘制，有时候虽然可以绘制出来，但操作需要十分细致，更浪费时间。当启用正交模式后，就可以很快绘制出水平和垂直的线条。

可以用以下方法打开或关闭正交模式。

①单击状态栏右侧的【正交限制光标】按钮，如果按钮呈蓝色，则表示已经启用正交模式，如图 1-60 所示，再次单击可以关闭正交模式，默认状态是关闭。

图 1-60　打开【正交限制光标】按钮

②按 F8 键可以切换打开和关闭正交模式。

二、坐标系设置

1. 世界坐标：世界坐标系统是 AutoCAD 的基本坐标系统，当开始绘制图形时，AutoCAD 自动将当前坐标系统设置为世界坐标系统。在二维空间中，它是由两个垂直并相交的坐标轴 X 和 Y 组成的，在三维空间中则还有一个 Z 轴。在绘制和编辑图形的过程中，世界坐标系统的原点和坐标轴方向都不会改变。

世界坐标系统坐标轴的交汇处有一个"口"字形标记，它的原点位于绘图区的左下角，所有的位移都是相对于该原点计算的。在默认情况下，X 轴正方向水平向右，Y 轴正方向垂直向上，如图 1-61 所示，Z 轴正方向垂直屏幕向外。

图 1-61　世界坐标系统

2. 用户坐标：在 AutoCAD 中，为了能够更好地辅助绘图，系统提供了可变的用户坐标系统，在默认情况下，用户坐标系统与世界坐标系统相重合，用户可以在绘图的过程中根据具体要求来定义。

用户坐标的 X、Y、Z 轴以及原点方向都可以移动或者旋转，甚至可以依赖于图形中某个特定的对象。尽管用户坐标系统中三个轴之间仍然互相垂直，但是在方向及位置上却拥有更大的灵活性。另外，用户坐标系统没有"口"字形标记。

3. 坐标输入：在 AutoCAD 中，坐标的显示方式有 3 种，它取决于所选择的方式和程序中运行的命令。可以在任何时候按 F6 键、Ctrl+D 组合键或单击坐标显示区域，在以下 3 种方式之间进行切换。

（1）【关】显示上一个拾取点的绝对坐标，只有在一个新的点被拾取时，显示才会更新。但是从键盘输入一个点并不会改变该显示方式。

（2）【绝对坐标】显示光标的绝对坐标，其值是持续更新的。该方式下的坐标显示是打开的，为默认方式。

（3）【相对坐标】当选择该方式时，如果当前处在拾取点状态，系统将显示光标所在位置相对于上一个点的距离和坐标；当离开拾取点状态时，系统将恢复到绝对坐标状态。该方式显示的是一个相对极坐标。

三、绘图区设置

1. 设置绘图单位：为了更精确地绘制图纸，在绘制前，应先对其绘图单位进行设置。执行【格式】-【单位】命令或在命令行输入"UNITS"命令，即可打开【图形单位】对话框。如图 1-62 所示。

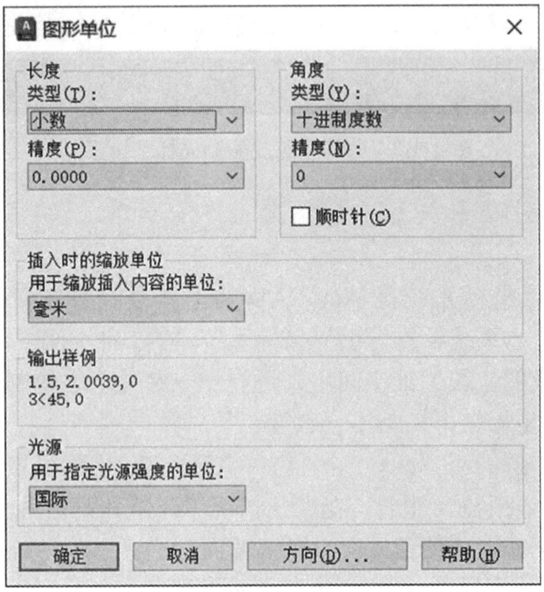

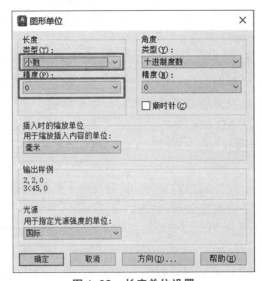

图 1-62　【图形单位】对话框

（1）长度单位的设置：【长度】单位的复选框中包括长度单位【类型】的设置和【精度】的设置，在设置时可以在下拉菜单中的选项进行选择。系统默认的长度单位【类型】是小数，【精度】是小数点的后 4 位。一般情况下，绘制室内设计图纸时，【类型】选择【小数】单位，【精度】精确到整数位，如图 1-63 所示。

图 1-63　长度单位设置

（2）角度单位设置：【角度】单位的复选框中包括角度单位【类型】设置、【精度】设置和角度方向设置。角度单位的【类型】和【精度】的设置，可以在下拉菜单中去选择。绘制室内设计图纸时，一般默认系统值。当勾选【顺时针】复选框时，是以顺时针方向为正方向；未勾选时，是以逆时针方向为正方向。

（3）方向的控制：单击【方向...】按钮，会弹出【方向控制】对话框，如图 1-64 所示。在该对话框中可以对角度单位的起始角方向进行设置。只要选取相对应的方向选项的复选框，即可完成操作。除地图的标准方向外，还可以通过选择【其他】项的复选框，来确定其他角度的起始角方向。

图 1-64　【方向控制】对话框

2. 设置绘图界限：绘图界限也就是在绘制图纸时的工作区域，其应该根据图纸的大小和图纸的数量等来设置。设置后的绘图界限更方便用户在绘图时进行缩放和移动等操作。利用界限功能还可以避免在指定区域外绘图，从而减少错误的操作。

执行【格式】-【图形界限】命令或在命令行中输入 LIMITS 命令即可设置，如图 1-65 所示。点击↓或↑进行选择，点击空格或 Enter 键完成操作。

图 1-65　设置绘图界限

3. 绘图区颜色设置：在 AutoCAD 2023 中，用户可根据绘图需要改变绘图区的颜色。

执行【工具】-【选项】命令，弹出【选项】对话框，如图 1-66 所示。单击对话框中的【颜色】按钮，弹出【图形窗口颜色】对话框，如图 1-67 所示。用户可根据需要在【上下文】、【界面元素】选择合适的【颜色】，当颜色选定后，单击【应用并关闭】按钮回到【选项】对话框中，单击【确定】按钮即可。

图 1-66   【选项】对话框

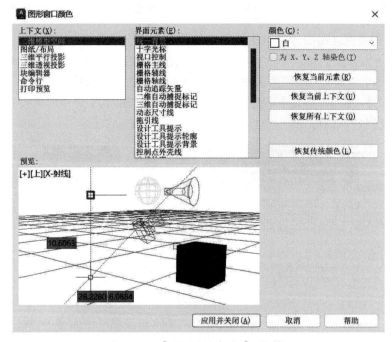

图 1-67   【图形窗口颜色】对话框

【任务小结】

通过本章学习，掌握切换工作界面，牢记界面组成，熟练设置 AutoCAD 2023 的各项参数、单位。

【实训演练】

1. 将十字光标长度设置成 100%。

步骤 1：执行【工具】–【选项】命令，打开【选项】对话框。

步骤 2：在【十字光标大小】选项框的文本框内输入 100。

步骤 3：单击【确定】按钮即可。如图 1-68 所示。

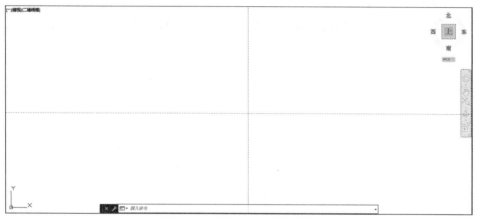

图 1-68　设置 100%十字光标

2. 设置圆心捕捉。

步骤 1：在命令行输入 "DSETTINGS" 命令。

步骤 2：打开【草图设置】–【对象捕捉】对话框。

步骤 3：选中【圆心】的复选框，如图 1-69 所示。

步骤 4：单击【确定】按钮即可。

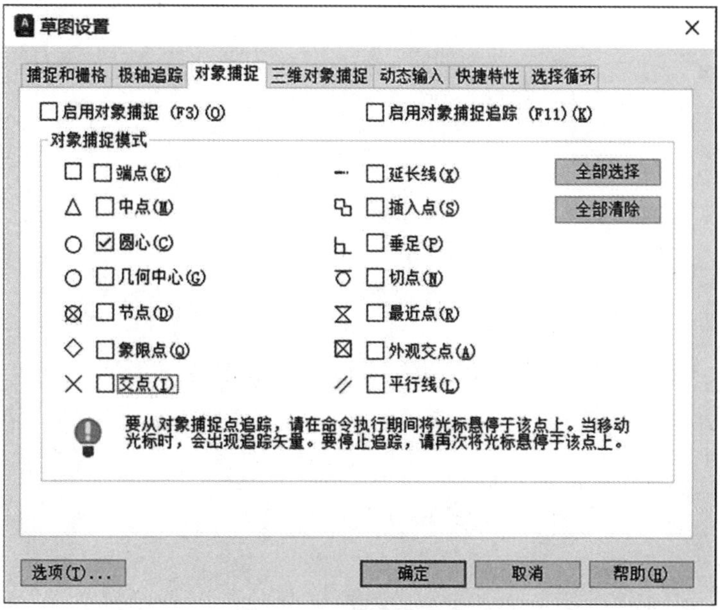

图 1-69　设置圆心捕捉

【拓展练习】

布置用户界面

1. 启动 AutoCAD 2023，创建新图形，显示主菜单，打开【绘图】、【修改】、【图层】、【特性】和【标注】等工具，并调整位置。

2. 切换到【三维基础】工作空间，再切换到【草图与注释】工作空间，继续切换到自定义设置的【经典模式】工作空间。

3. 设置绘图区域大小为 1600×900，并显示出该区域范围内的栅格、开启对象捕捉和正交模式。

项目二　图层及线型管理

【学习目标】

● 掌握创建图层和特性设置的方法。
● 熟练控制图层的操作。
● 掌握管理图层的方法。

【项目综述】

　　在绘制户型时，图层的作用是将不同的线型、颜色、线宽等堆叠在一起成为一张完整的图纸，这样就可以使CAD中图纸的图层层次分明，也方便了图形对象的编辑与管理。

【任务简介】

1. 任务要求与效果展示

　　创建相应特性的图层，进行控制与管理图层的操作，并进行打印设置。效果展示如图2-1、图2-2、图2-3所示。

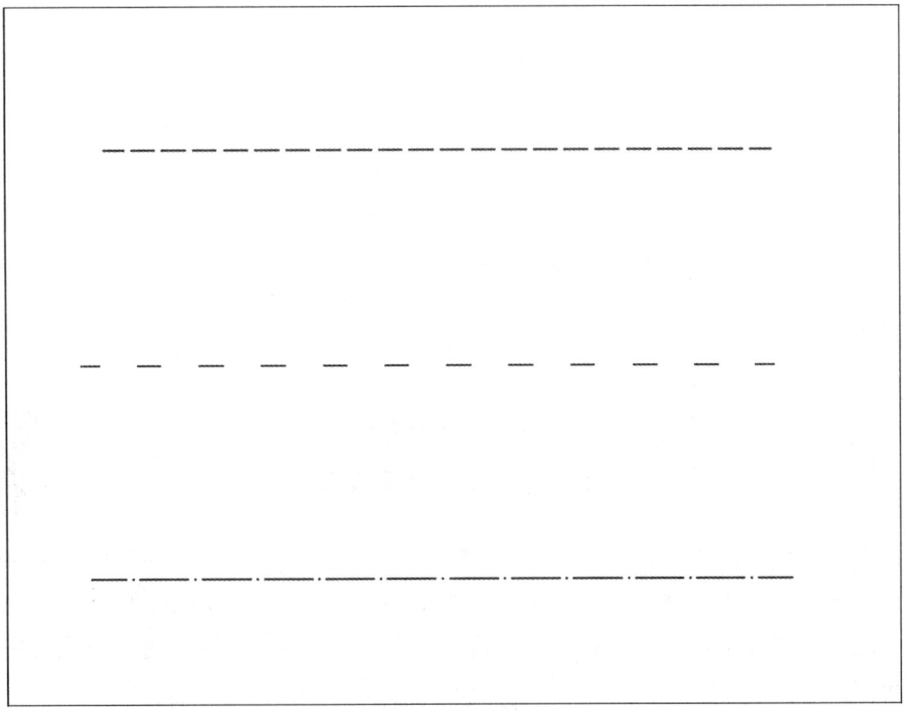

图 2-1　线型设置

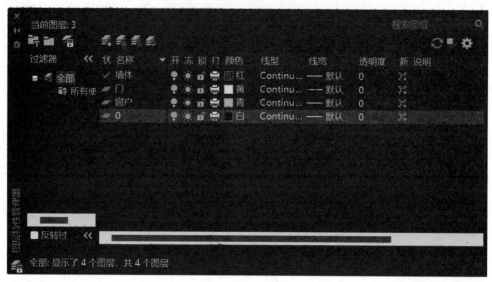

图 2-2　控制图层

图 2-3　打印设置

2. 知识技能目标

独立创建规范的图层，并掌握管理以及操作图层的方法。

【任务实施】

任务子模块 1
创建图层与特性设置

只有用普遍联系的、全面系统的、发展变化的观点观察事物，才能把握事物发展规律。要善于通过历史看现实、透过现象看本质，要有前瞻性的思考、全局性的谋划。CAD 图纸中虽然创建图层是基础，但若是在特性设置中出现失误，就可能导致施工方理解错误而耽误工程进度。

制作施工图纸时，图层在 AutoCAD 中起着重要的作用，使用后可以使在 AutoCAD 中进行的绘图、编辑、打印等工作变得清晰、准确、高效。制作 CAD 图纸都会使用到【图层特性管理器】，用户需将图纸中的每一类型用不同的颜色、不同的线宽、是否打印、不同的线型来显示。

【重点和难点】

详细了解图层的各个属性以及使用方法。

学会创建图层以及修改图层特性的方法。

一、图层概述

初学者经常会把所有图形绘制于同一个图层上，如果图纸简单问题不大。但我们还是应该尝试利用图层对不同类型的图形进行分类，之后不管图纸的难易都可以方便后期的管理和修改。

图层工具用于规定每个图层的颜色和线型，并把具有相同特征的图形对象放在同一图层上绘制，这样绘图时不用分别设置对象的线型和颜色，不但方便绘图，而且存储图形时只需存储其几何数据和所在图层即可，既节省了存储空间，又可以提高工作效率。

二、创建图层

首先新建图形文件，每创建一个新的文件，系统会自动创建图层名为 0 的图层，这是系统的默认图层。如果还需要图层来整合其他类型的图形，就需要创建新图层。

点击【图层特性】按钮，打开【图层特性管理器】对话框，如图 2-4 所示。单击【新建图层】按钮，在图层列表中出现一个名称为"图层 1"的新图层。在默认情况下，新建的图层与当前图层的所有特性都相同，如图 2-5 所示。

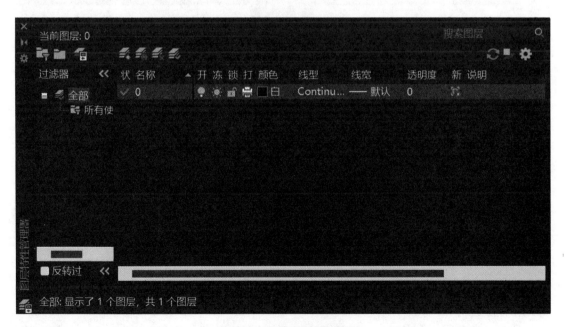

图 2-4　图形特性管理器

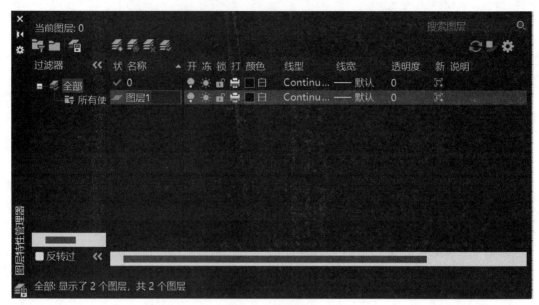

图 2-5　新建图层

还有两种打开【图层特性管理器】对话框的方法，一是在菜单栏中执行【工具】-【选项板】-【图层】命令将【图层特性管理器】打开。如果不显示菜单栏，可以按照如图 2-6 所示的方法显示菜单栏。二是在命令行中输入"LAYER（LA）"，并按空格键确定。

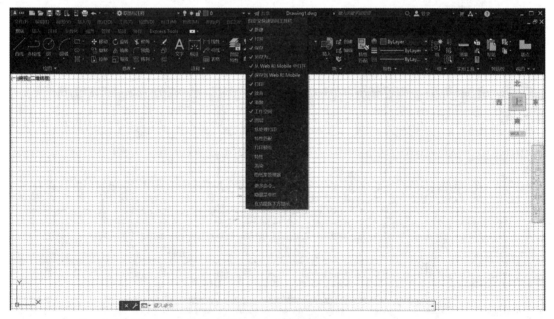

图 2-6　显示菜单栏

创建图层后，双击"图层 1"，便可编辑图层名称，如图 2-7 所示，并可以根据个人喜好来修改颜色等。

注意：新建图层命名时，图层的名称中不能包含"<>"";""?""*"","""="等字符，且不能出现重复名称。

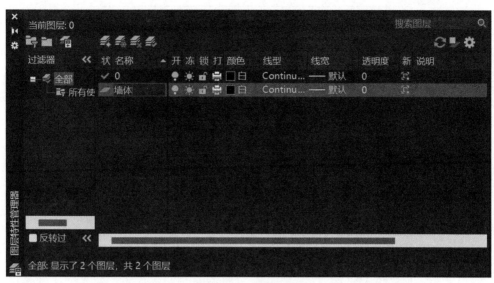

图 2-7　图层名称

三、修改图层颜色

修改图层颜色目的是在绘制复杂图形时，可以通过不同的颜色来辨别每个部分。在 AutoCAD 默认情况下，新建图层的颜色被设为 7 号颜色。

注意：7 号颜色为白色或黑色，这由背景色决定。如果背景色设置为白色，则图层颜色为黑色；反之，背景色为黑色，则图层颜色为白色。

改变图层的颜色，可在【图层特性管理器】对话框中点击新建图层的【颜色】图标，如图 2-8 所示，便会弹出【选择颜色】对话框。可以使用【索引颜色】、【真颜色】和【配色系统】三个选项卡为图层选择颜色。在【特性】工具栏中可快捷地变换颜色。找到【颜色列表】下滑并点击"更多颜色"也可打开【选择颜色】工具栏，也可以在菜单栏中执行【格式】–【颜色】命令。

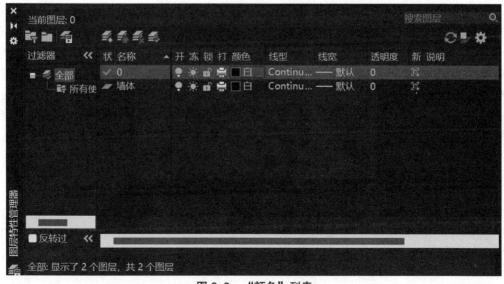

图 2-8　"颜色"列表

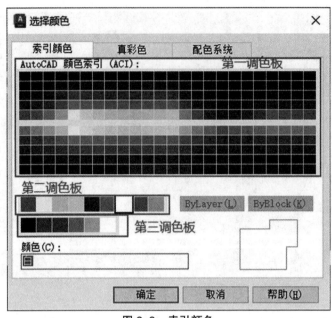

图 2-9　索引颜色

【选择颜色】对话框解释有如下几种情况。

【索引颜色】选项卡：可在系统提供的 255 种颜色中选择所需要的颜色，如图 2-9 所示。

（1）AutoCAD 颜色索引（ACI）：此列表框有 255 种索引颜色，每一种颜色都会用一个编号标识。用户可以在框中选择所需要的颜色。第二调色板显示编号 1-9 的颜色，它们既有编号又有名称。第三调色板显示编号 250-255 的灰度级颜色。

（2）【颜色】文本框：显示所选中颜色的编号，可以在文本框中直接输入颜色的编号。

（3）【ByLayer(L)】按钮：指定新对象采用创建该对象时所在图层的指定颜色。选中 ByLayer 时，当前图层的颜色将显示在"旧颜色和新颜色"颜色样例中。

（4）【ByBlock(K)】按钮：指定新对象的颜色为默认颜色（白色或黑色，取决于背景色），直到将对象编组到块并插入块。当把块插入图形时，块中的对象继承当前颜色设置。

【真彩色】选项卡：颜色模式为【HSL】的情况下，如图 2-10 所示。将鼠标移动到调色板中点击并拖拽来选择颜色。也可以通过调整【色调】、【饱和度】、【亮度】来选择需要的颜色。所选颜色的红、绿、蓝值显示在【颜色】文本框和选项栏的右边。也可以直接在文本框中输入指定红、绿、蓝相对应数值选择颜色。如果使用【RGB】颜色模式，可以指定颜色的红、绿、蓝值选择颜色，如图 2-11 所示。

图 2-10　【HSL】颜色模式

图 2-11　【RGB】颜色模式

　　【配色系统】选项卡：可以从配色系统中选择预定义的颜色，如图 2-12 所示。

　　【配色系统】下拉列表框中提供了 17 种定义好的色库列表，选择需要的系统，在下方选择需要的颜色。点击右侧的按钮可以选择颜色系列。所选颜色编号显示在下面的【颜色】

文本框中，也可直接在该文本框中输入编号值来选择需要的颜色。

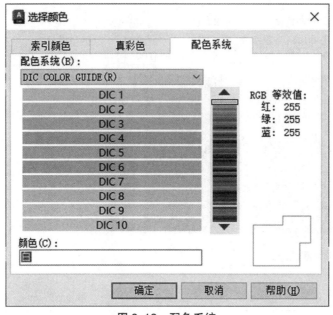

图 2-12　配色系统

四、设置图层线型

图层线型是指图层上图形对象的线型，如虚线、点画线、实线等。在进行制图时，可以使用不同的线型来绘制不同的对象以便于区分，还可以对各图层上的线型进行不同的设置。

在新建图层后，图层的线型会自动默认设置为"Continuous"。要改变线型，可在图层列表中点击新建图层所在线型的区域，如图 2-13 所示。

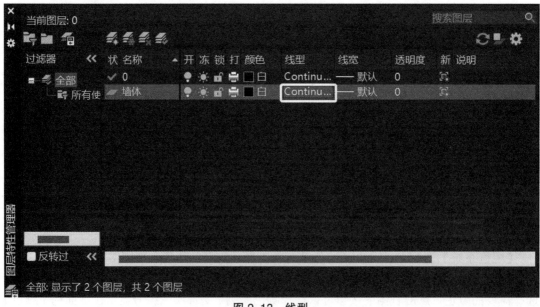

图 2-13　线型

打开后只有一个"Continuous"线型，如图 2-14 所示。点击下面的【加载】按钮便会看到多种线型，如图 2-15 所示。可以选择所需要的进行加载。

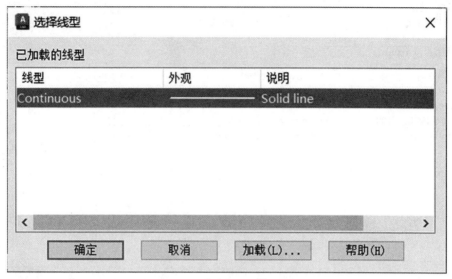

图 2-14 【选择线型】对话框

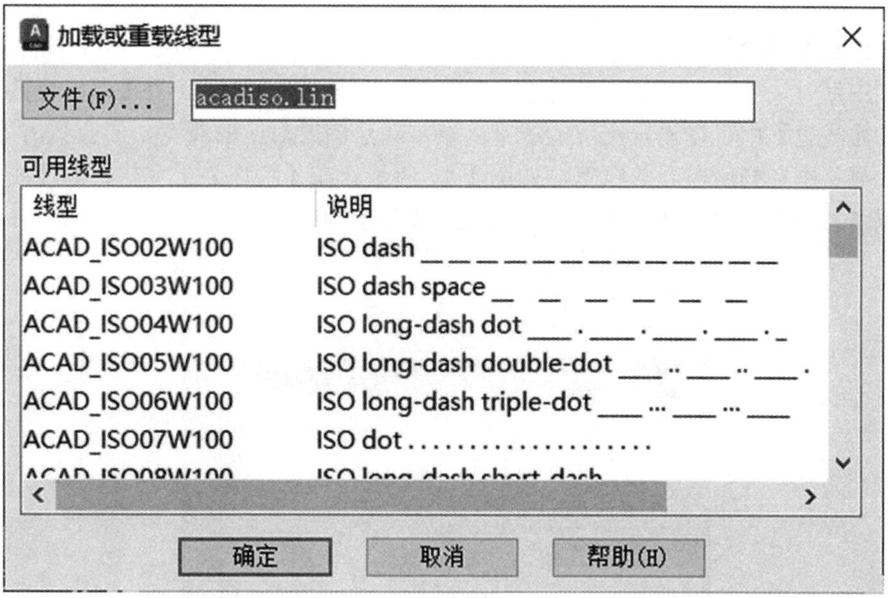

图 2-15 【加载或重载线型】对话框

修改线型同样可以在【特性】工具栏中进行，下滑【线型列表】，点击"其他"便可打开【线型管理器】对话框，如图 2-16 所示。也可以在菜单栏中执行【格式】-【线型】命令。

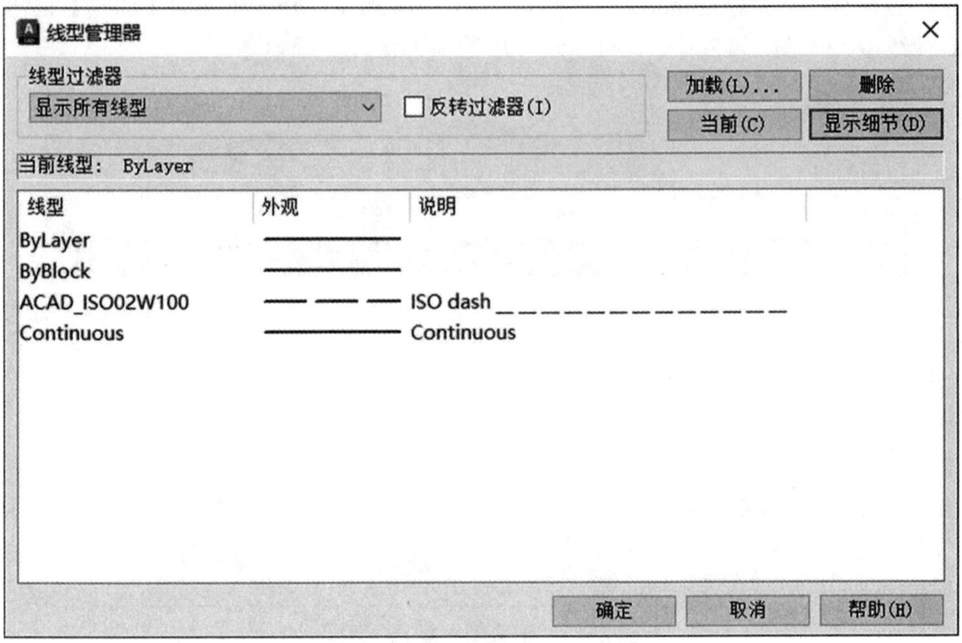

图 2-16　【线型管理器】对话框

五、设置图层的线宽

绘制图纸时，需要使用不同宽度的线条来表现不同的图形对象，在【图层特性管理器】对话框的【线宽】中可以设置图层的线宽。点击新建图层对应的线宽，便会弹出【线宽】对话框，可从中选择所需要的线宽，如图 2-17 所示。在【特性】工具栏找到【线宽列表】▬，下滑并点击"线宽设置"也可打开【线宽设置】对话框。

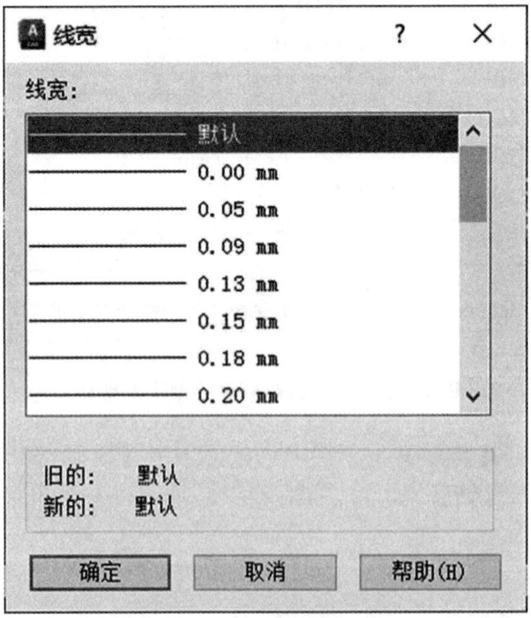

图 2-17　【线宽】对话框

　　另外，也可以执行【格式】-【线宽】命令，弹出【线宽设置】对话框，可在该对话框的【线宽】列表中选择当前要使用的线宽，也可以设置线宽的单位和比例。如图 2-18 所示。

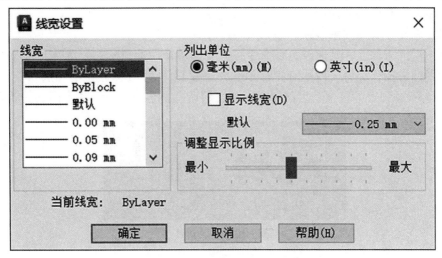

图 2-18　【线宽设置】对话框

【线宽设置】选项设置解释如下：

【列出单位】用来设置线宽度的单位，有毫米（mm）（M）和英寸（in）（I）两种单位。

【显示线宽】有无勾选决定是否要按照实际线宽来显示图形，控制模型选项卡上线宽的显示比例。

【默认】用来设置默认线宽值，也就是在【显示线宽】未打勾系统所显示的线宽。

【调整显示比例】移动滑块，可调节选中的线宽在屏幕上的显示比例。

　　图形的线宽效果主要体现在打印输出的图纸上。AutoCAD 中有两种方法可以控制输出后图形的线宽：①按创建图层时所设置的每个图层的线宽进行打印输出；②按系统默认的各个颜色的线宽进行打印输出。如果采用第二种方法打印图形，那么在创建图层时，各图层的颜色不能随意设置。

任务子模块 2
管理图层

　　不断巩固和发展各民族大团结、全国人民大团结、全体中华儿女大团结，铸牢中华民族共同体意识，动员全体中华儿女围绕实现中华民族伟大复兴中国梦一起来想、一起来干，形成同心共圆中国梦的强大合力。弘扬工匠精神，是新时代的使命呼唤，是新青年的使命担当，希望同学们将设计立足时代，扎根人民，深入生活。

　　控制图层可以缩短制作图纸的时间。当查看别人的图纸不清楚每个图层代表哪个部分时，用户就可以通过打开或关闭图层来熟悉图层含义。

【重点和难点】

熟练掌握控制图层的操作。

图层控制操作时的注意事项。

控制图层的方法之一是通过执行命令打开【图层特性管理器】对话框，通过该对话框完成控制图层的操作。另一种更简便的方法是点击【图层】工具栏上的图层列表，如图 2-19 所示。该下拉列表中包含了当前图纸上包含的所有图层，并显示各个图层的状态图标。

图 2-19 图层列表

一、切换当前图层

要在该图层上进行绘图，首先需将需要的图层设置为当前图层。方法如下。

1. 打开【图层特性管理器】，选择想要操作的图层，之后点击【置为当前】按钮，就可以针对此图层进行操作，之后所创建的对象自动继承此图层的各种特性。

2. 点击【图层】工具栏中的【图层列表】右边的小三角，选择想要设置成当前层的图层即可。

二、改变对象所在图层

在绘图中想转换已经画好的图形的图层，可以先选中想要移动的图形，然后在【图层】面板的【图层】下拉列表中选择要移动到的图层。

三、转换图层

在【图层转换器】中，可在当前图形中指定要转换的图层及要转换到的图层，方法是切至【管理】选项卡，选择【CAD 标准】面板中的【图层转换器】，如图 2-20 所示。

在弹出的对话框中点击【新建】按钮，如图 2-21 所示，然后设置新图层名称，点击【确定】按钮后返回【图层转换器】对话框，在【转换自】列表中指定在当前图形中要转换的图层，然后再指定【转换为】的图层，点击【映射】按钮，将【转换自】的图层映射到【转换为】的新图层，如图 2-22 所示。点击【保存】，选定指定路径，最后点击【转换】按钮后会弹出如图 2-23 所示的对话框，选择"转换并保存映射信息"，图层便完成转换。最终效果如图 2-24 所示。

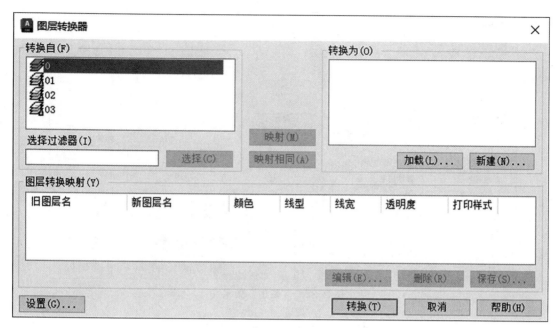

图 2-20　【图层转换器】对话框

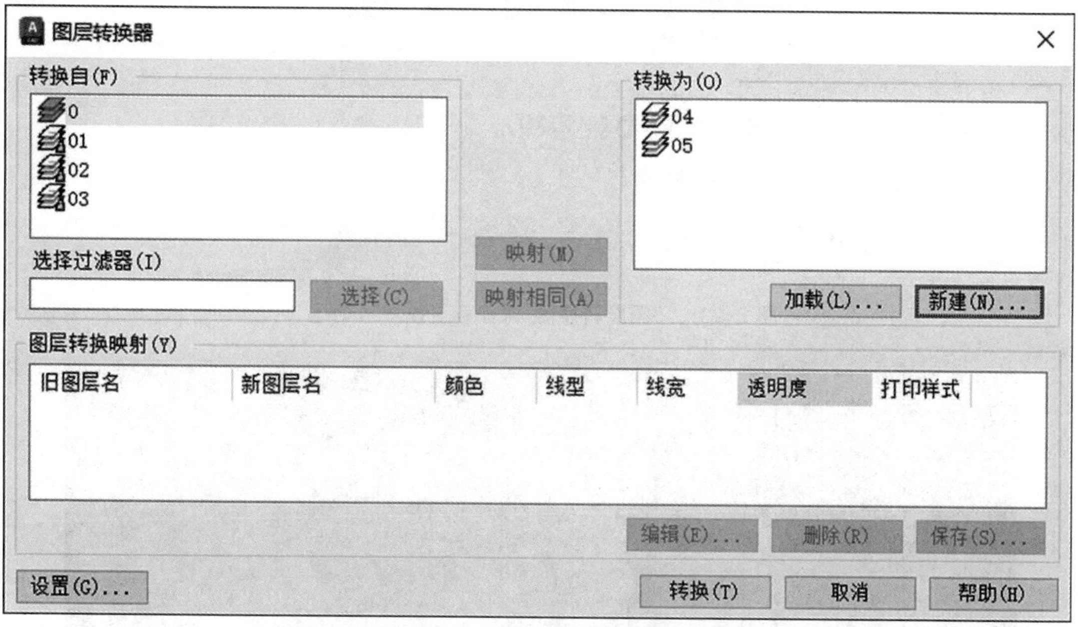

图 2-21　【新图层】对话框

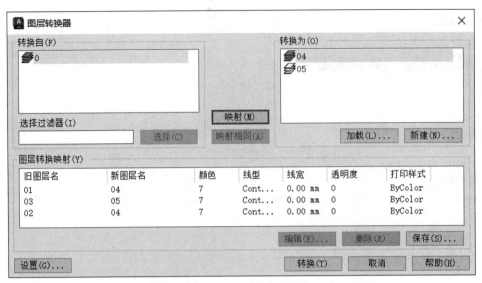

图 2-22   "映射"效果

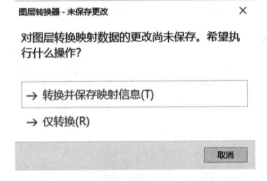

图 2-23   "图层转换器-未保存更改"对话框

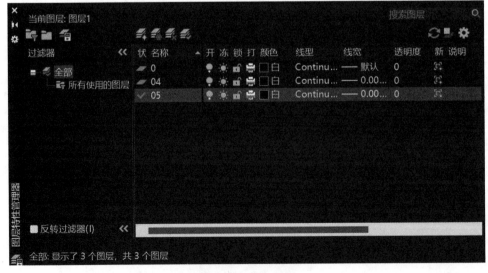

图 2-24   最终效果

四、动态查看图层上的对象

点击图层旁边的小三角，如图 2-25 所示。在下拉列表中点击【图层漫游】按钮，便可弹出【图层漫游】对话框，如图 2-26 所示。该对话框列出了图形中的所有图层，选择其中一个，那么图纸中仅显示出被选图层上的对象。

图 2-25　下拉【图层】列表

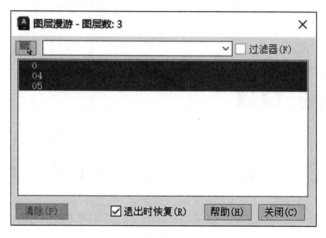

图 2-26　【图层漫游】对话框

五、隔离图层

在【图层】工具栏点击【隔离】按钮之后，除选定对象所在图层之外的所有图层均将关闭、在当前布局视口中冻结或锁定。保持可见且未锁定的图层称为隔离，效果如图 2-27 所示。若要取消隔离，点击对应【取消隔离】按钮即可。

隔离前　　　　　　　　　　　　　　　隔离后

图 2-27　【隔离】图层

注意：点击隔离按钮后，命令行中输入"S"即可设置未隔离图层的显示形式。

任务子模块 3
图层控制操作

推动高质量发展，必须坚持科技是第一生产力、人才是第一资源、创新是第一动力。深入实施科教兴国战略、人才强国战略、创新驱动发展战略，坚持教育优先发展、科技自立自强、人才引领驱动，加快建设教育强国、科技强国、人才强国，才能开辟发展新领域新赛道，不断塑造发展新动能新优势。只有学以致用并不断探索与发现技能知识的未知点，丰富自身技能，才能将学到的知识熟练运用到未来工作中去。

有效地管理图层可以在绘图中产生事半功倍的效果。

【重点和难点】

图层常用功能的使用。
图层过滤器的使用。

一、打开或关闭图层

黄色小灯泡代表此图层是打开状态。点击黄色小灯泡就会变成蓝色小灯泡。蓝色代表此图层是关闭状态。关闭当前图层，系统会出现【关闭当前图层】的提示框，如图 2-28 所示。

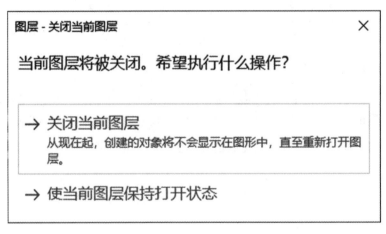

图 2-28 【关闭当前图层】对话框

二、冻结或解冻图层

黄色太阳表示未冻结状态。单击黄色太阳则变为蓝色雪花，表示此图层被冻结。再次点击蓝色雪花就可以进行解冻。

注意：当前图层是不会被冻结的。执行冻结操作会出现如图 2-29 所示的提示。

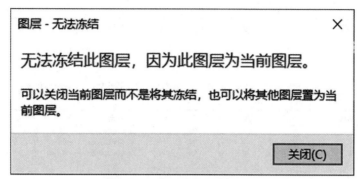

图 2-29　【无法冻结】对话框

注意：处于冻结状态的图层是无法置为当前图层的。

三、锁定或解锁图层

在绘画图纸时，随着图纸的线条增多，选择会不准确，还要花费时间来纠正。锁定图层就可以避免这样的误操作。

点击黄色打开锁头会变成蓝色关闭锁头，表示此图层已被锁定。锁定后的图层是不能进行修改的。将鼠标移动到锁定的图层上会显示锁定标志。

锁定图层上的对象仍然可以使用对象捕捉，并且可以执行除修改对象外的其他操作。

四、打印设置

点击打印机图标会变成，代表此图层在打印时不输出到图纸，也就是说，在打印出来的图纸上将看不到这一图层的内容。

1. 新建特性过滤器

点击【新建特性过滤器】，便会弹出【图层过滤器特性】对话框，如图 2-30 所示。特性过滤器的选择特性功能，可以让用户选出想要的图层。当图纸中含有大量图层，使用过滤器会极大提高选择图层的速度。

在该对话框的【过滤器定义】列表中，通过输入图层名及选择图层的各种特性来设置过滤条件，设置好后，单击【确定】按钮，在【图层特性管理器】中就增加了一个过滤器。可在【过滤器预览】区域预览筛选出的图层。如果在【图层特性管理器】中选中【反转过滤器 (I)】，则显示的是不符合过滤要求的图层。

注意：当在【过滤器定义】列表中输入图层名称、颜色、线宽、线型以及打印样式时，可使用"?"和"*"等通配符，其中"*"用来代替任意多个字符，"?"用来代替任意单个字符。

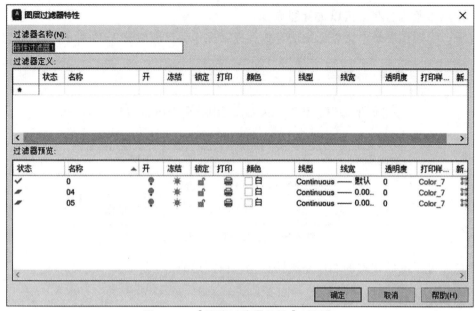

图 2-30　【图层过滤器特性】对话框

2. 新建组过滤器

组过滤器是自行添加某一类别的图层组成的过滤器。

点击【新建组过滤器】按钮后，会新建一个【组过滤器】，如图 2-31 所示。在空白处点击鼠标左键或按回车键便可以完成名称的设定。点击鼠标右键，选中【选择图层】，便可以进行添加和替换图层的操作。另一种快捷方式为直接进行拖拽。

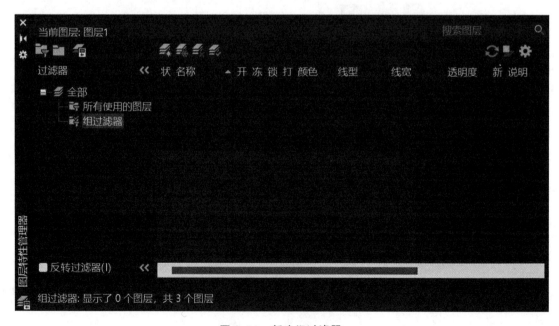

图 2-31　新建组过滤器

任务子模块 4
修改非连续线型外观

　　坚定历史自信、文化自信，坚持古为今用、推陈出新，把马克思主义思想精髓同中华优秀传统文化精华贯通起来、同人民群众日用而不觉的共同价值观念融通起来，不断赋予科学理论鲜明的中国特色，才能不断夯实马克思主义中国化时代化的历史基础和群众基础，让马克思主义在中国牢牢扎根。

　　非连续线型主要包括虚线、点线、双点画线。修改非连续线型的外观主要是为了保证这些线型在打印的时候可以让人辨别出是非连续线型。

【重点和难点】

　　明白非连续线型的含义。

　　通过设置线型比例因子来调整非连续线型外观。

一、全局比例调整

　　调整全局比例因子后，所有非连续线型的外观都会随之发生变化。

　　在【工具】面板中找到【特性】，点击线型列表右边的小三角。点击【其他】，打开线型管理器。点击【显示细节】便会显示【全局比例因子】，如图 2-32 所示。在默认情况下，全局比例因子为 1。它的数值越大，线型之间的距离便会越大。

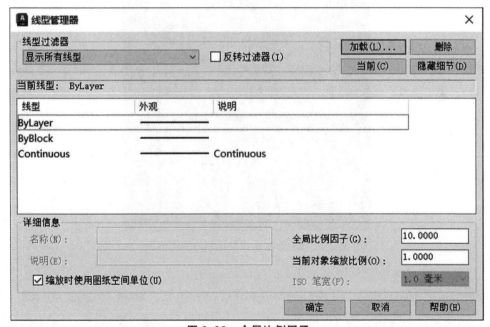

图 2-32　全局比例因子

　　另外，【线型管理器】对话框中，通过调整【当前对象缩放比例】，后面将要绘制的非连续线型对象的外观效果会受到影响，而对已绘制的非连续性线型对象的外观效果不产生任何影响。

注意：调整数值时不宜过大或过小。过大会使线型不是一个整体，过小不易看出线型的外观。

二、局部调整比例

调整个别对象的比例因子只可以使所选的非连续线型的外观发生变化。

选中要改变比例的对象，右击鼠标，再次点击【特性】，便会弹出【特性】对话框，如图 2-33 所示。在"线型比例"输入适应的值，在蓝色线框外点击鼠标左键，便完成了比例的调整。

提示：线型比例的默认数值为 1，可以使用 Ctrl+1 快捷键打开【特性】对话框，还有一种打开的方式为执行【工具】-【选项板】-【特性】命令。

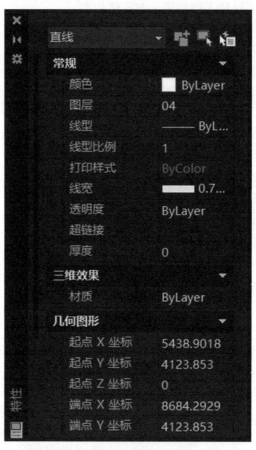

图 2-33　所选对象线型比例的修改界面

【任务小结】

1. 新建图层的特性会与当前图层一致，之后可根据需要逐一更改。

2. 控制图层的操作都会随之有相对应的反操作，会大大缩短作图时间。

3. 图层过滤器有新建特性过滤器与新建组过滤器。而两组的区别在于前者是由特性筛选，后者是由绘图者自由组合。图层的几个常用功能也使作图环境更便利。

4. 修改非连续线型的外观主要有整体调整与局部调整两大方面。整体调整是在【线型管理器】对话框中进行操作，局部调整则是在【特性】中进行操作。

【实训演练】

1.线型与比例的设置

步骤 1：选择【直线】工具，在绘图区域中绘制三条直线，并将线型分别改为"ACAD_ISO02W100""ACAD_ISO03W100""ACAD_ISO04W100"。如果【线型管理器】中没有，记得点击【加载】按钮。如图 2-34 所示。

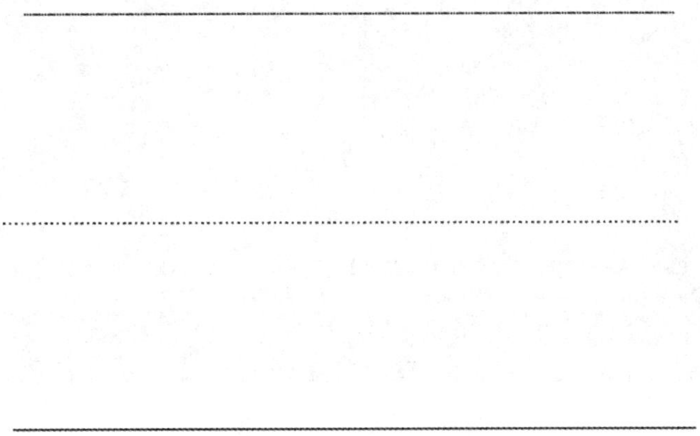

图 2-34　三条直线

步骤 2：点击【线型】-【其他】，打开【线型管理器】。点击【显示细节】按钮，全局比例因子设为 10。根据实际情况改变全局比例因子，最终效果如图 2-35 所示。

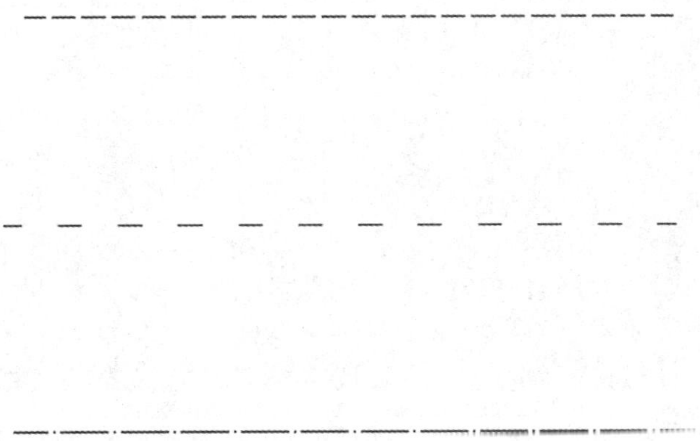

图 2-35　最终效果

2. 控制图层的操作

步骤 1：打开【图层特性管理器】，点击新建图层 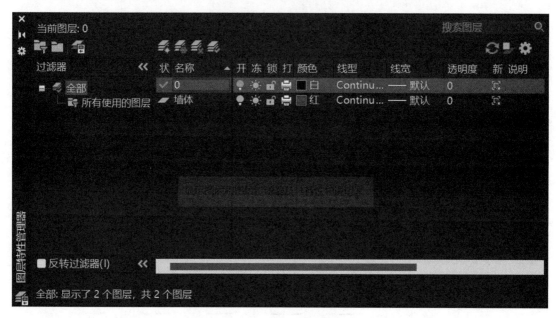。

步骤 2：新建图层名称改为【墙体】，索引颜色为 1。如图 2-36 所示。

图 2-36 【墙体】图层设置

步骤 3：再次新建两个图层，分别为【门】和【窗户】，其颜色依次为索引颜色 2、4。如图 2-37 所示。

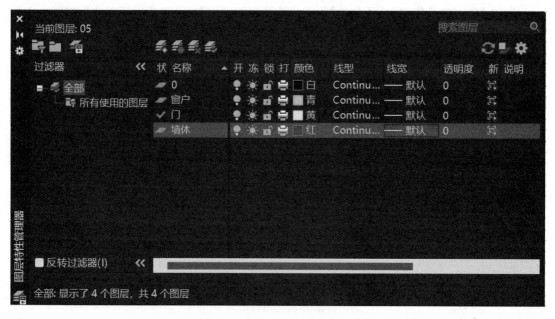

图 2-37 【门】和【窗户】图层设置

步骤 4：点击【直线工具】 ![直线工具图标] 绘制三条直线，如图 2-38 所示。它们从上到下分别代表【墙体】、【门】、【窗户】图层。

图 2-38　三条不同图层的直线

步骤 5：打开【图层特性管理器】，点击【门】图层的小灯泡，会发现画图区域中所画的黄线不存在了，如图 2-39 所示。点击蓝色灯泡，黄线就会再次出现。

![图2-39 开关图层界面截图]

图 2-39　开关图层

步骤 6：点击【墙体】图层的打开锁头 ![锁头图标]，将鼠标移到红线就会出现锁头的标志，如图 2-40 所示。想解锁此图层，点击 ![锁头图标] 即可。

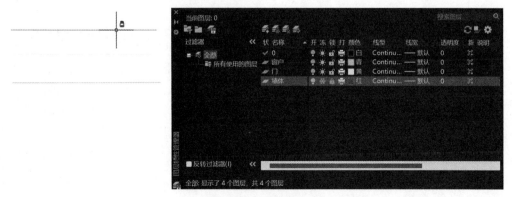

图 2-40　锁头标志

3. 打印设置

步骤 1：点击【窗户】图层的打印标志 🖶，使其变成 🖶。快捷键输入 Ctrl+P，弹出【打印】对话框。

步骤 2：进行参数设置来修改数据，如图 2-41 所示。

步骤 3：点击【窗口】按钮，选择打印范围，再点击【预览】，如图 2-42 所示。可以发现预览效果中没有蓝线，即打印设置的作用。

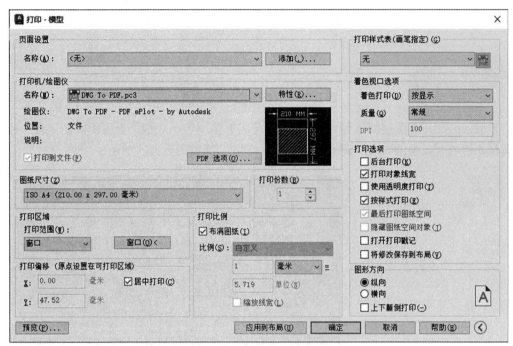

图 2-41 　【打印】对话框及参数设置

图 2-42 　【打印】预览效果

【拓展练习】

1. 创建图层、控制图层操作以及修改图像所在图层

要求:

（1）新建一个 CAD 文件。

（2）创建【文字】、【尺寸】、【墙体】三个图层。

（3）绘制相应图层的图像。

（4）冻结【尺寸】图层。

2. 修改图层名称、利用图层特性过滤器查找图层

要求:

（1）打开练习文件。

（2）找到图层【图层 1】和【图层 2】，将图层名称分别改为【门】和【窗户】。

（3）创建图层特性过滤器，利用该过滤器查找所有颜色为黄色的图层，将这些图层锁定，并将颜色改为青色。

3. 修改线型与比例

要求:

（1）创建文件。

（2）画两条直线，修改线型分别为 "ACAD_ISO07W100" 和 "ACAD_ISO05W100"。

（3）更换适当的比例。

项目三　常用绘图命令与图形编辑

【学习目标】

- 熟练运用简单二维图形命令，规范绘制各种图形。
- 熟悉复杂二维图形命令，能绘制各种复杂图形。
- 熟练运用图形编辑命令，修改并编辑图形。

【项目综述】

AutoCAD 不仅有强大的绘图命令，而且提供方便的图形修改、编辑命令，通过两者的配合使用，可以大大提高绘图效率，完成各种复杂图形的绘制。

【任务简介】

1. 任务要求与效果展示

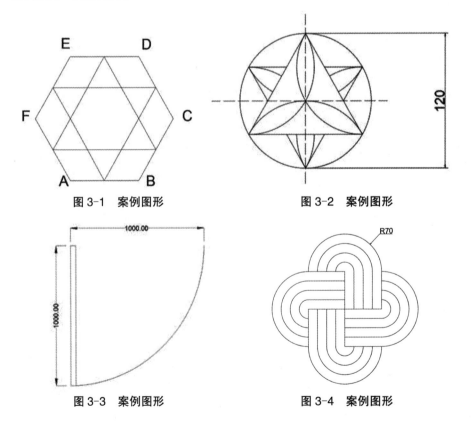

图 3-1　案例图形　　　　　　　　　图 3-2　案例图形

图 3-3　案例图形　　　　　　　　　图 3-4　案例图形

2. 知识技能目标

了解并掌握常用绘图命令与图形编辑的基础知识和基本操作技能并灵活运用。

【任务实施】

任务子模块 1
简单二维图形命令

广泛践行社会主义核心价值观，用社会主义核心价值观铸魂育人，完善思想政治工作体系，推进大中小学思想政治教育一体化建设。坚持依法治国和以德治国相结合，把社会主义核心价值观融入法治建设、融入社会发展、融入日常生活。

绘图是 AutoCAD 最主要的功能。AutoCAD 提供大量绘图工具，帮助绘图者完成二维图形的绘制。所以，掌握二维图形的绘制方法极为重要。本章主要学习直线、构造线、多边形、圆等简单二维图形命令。

【重点和难点】

掌握点、线命令。

掌握多边形、曲线命令。

绘制点

一、点样式

1. 点样式显示：在 AutoCAD 中，默认状态下绘制的点在显示器中比较难以辨认，因此通过更改点样式和点大小，使其能够以较易辨认的图像显示出来。

2. 点大小（S）：用于设置点的显示大小。

（1）相对屏幕设置大小（R）：以屏幕尺寸的百分比（默认 5%）设置点的显示大小，当进行缩放时，点的显示大小不会改变。

（2）按绝对单位设置大小（A）：以指定的实际单位值（默认 5 单位）设置点的显示大小。当进行缩放时，点的显示大小随之改变。若未更新，可使用重画（REDRAW）或重生成（REGEN）命令来更新。

3. 调用命令的方式：通过【点样式】对话框设置点的形状和大小，如图 3-5 所示。

（1）菜单栏：【格式（O）】-【点样式】；

（2）点击【实用工具】-【点样式】命令；

（3）命令行：在命令行输入"DDPTYPE"。

图 3-5 【点样式】对话框

二、点

调用命令的方式如下：

（1）工具栏：单击⊡按钮，如图 3-6 所示。

（2）菜单栏：单击【绘图（D）】-【点（O）】-【单点（S）】或【多点（P）】命令，如图 3-7 所示。

（3）命令行：在命令行输入"PO"或"POINT"。

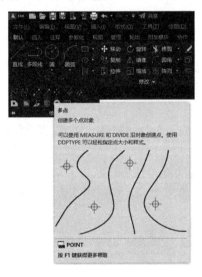

图 3-6 工具栏【点】按钮

图 3-7 【点】命令菜单

三、定数等分

在一个对象上等间距地放置点。输入的是等分数而不是点的个数。

1. 调用命令的方式：

（1）工具栏：单击⟨ᐱᵢ⟩按钮。

（2）菜单栏：单击【绘图（D）】-【点（O）】-【定数等分（D）】命令。

（3）命令行：在命令行输入"DIV"或"DIVIDE"。

2. 命令操作步骤：

```
命令：DIV
DIVIDE
选择要定数等分的对象：选择对象
输入线段数目或[块(B)]：输入要等分线段的段数(2-32767 整数)
```

四、定距等分

在一个对象上按绘图者指定间隔放置点。

1. 调用命令的方式：

（1）工具栏：单击 ◿ 按钮。

（2）菜单栏：单击【绘图（D）】-【点（O）】-【定距等分（M）】命令。

（3）命令行：在命令行输入"ME"或"MEASURE"。

2. 命令操作步骤：

```
命令：ME
MEASURE
选择要定距等分的对象：选择对象
指定线段长度或[块(B)]：输入指定线段长度值
```

在命令操作时，鼠标选择对象时靠近定数/定距等分对象哪边，则从哪边开始定数/定距等分。

绘制线

一、直线

直线是绘图中运用频率最高的命令，是组成图形的最基本元素。直线的绘制由两点来确定。

1. 绘制方法分为三种：

（1）直坐标法：输入两点的直坐标值，第二点一般用相对坐标来表示。

（2）极坐标法：指定第一点后，第二点一般使用相对极坐标来表示。

（3）直接距离输入法：确定好方向，输入尺寸，一般会借助正交或极轴。

2. 调用命令的方式：

（1）工具栏：单击 ◿ 按钮。

（2）菜单栏：单击【绘图（D）】-【直线（L）】命令。

（3）命令行：在命令行输入"L"或"LINE"。

3. 命令操作步骤：

```
命令：L
LINE
指定第一个点：
指定下一点或[闭合(C)/放弃(U)]：
```

4. 选项说明：

（1）指定第一个点：设置直线的起点。

（2）指定下一个点：指定直线段的端点。

（3）闭合（C）：连接第一个和最后一个线段。

（4）放弃（U）：删除直线序列中最近创建的线段。

二、构造线

构造线又名参照线，是无限长的直线，一般用作辅助线，默认状态下可以绘制经过一点的一组直线，可以通过选项来控制线的角度，或者借助正交或极轴命令来绘制。

1. 调用命令的方式：

（1）工具栏：单击◰按钮。

（2）菜单栏：单击【绘图（D）】-【构造线（T）】命令。

（3）命令行：在命令行输入"XL"或"XLINE"。

2. 命令操作步骤：

```
命令：XL
XLINE
指定点或[水平(H)/垂直(V)/角度(A)/二等分(B)/偏移(O)]:
指定通过点：
```

3. 选项说明：

（1）指定点：经过指定两点的构造线。

（2）水平（H）：经过指定点的水平构造线，与 X 轴平行。

（3）垂直（V）：经过指定点的垂直构造线，与 X 轴垂直。

（4）角度（A）：沿指定角度向两端无限延伸的构造线。

（5）二等分（B）：经过选定的角顶点，并将选定的两条线之间的夹角平分的构造线。

（6）偏移（O）：偏移指定直线一定距离的构造线。

三、射线

射线就是向一个方向无限延伸的直线，可用作创建其他对象的参照。

1. 调用命令的方式：

（1）工具栏：单击◰按钮。

（2）菜单栏：单击【绘图（D）】-【射线（R）】命令。

（3）命令行：在命令行输入"RAY"。

2. 命令操作步骤：

```
命令：RAY
指定起点：
指定通过点：
```

绘制多边形

一、矩形

矩形作为日常生活中常见的形状，在 CAD 中的使用频率也是非常高。绘制矩形确定两个对角点即可确定一个矩形。输入第二角点，可以选择使用相对坐标。使用矩形命令可以绘制出指定线宽、尺寸、倒角等不同参数的矩形，如图 3-8 所示。

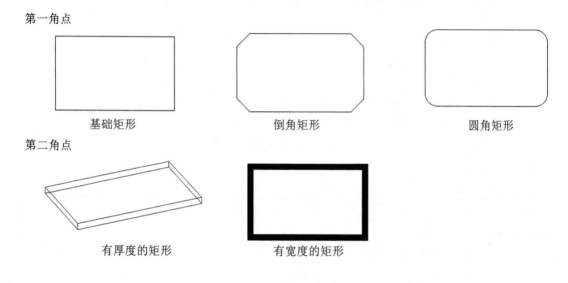

图 3-8　矩形的类型

1. 调用命令的方式：

（1）工具栏：单击 ▭ 按钮。

（2）菜单栏：单击【绘图（D）】-【矩形（G）】命令。

（3）命令行：在命令行输入"REC"或"RECTANG"。

2. 命令操作步骤：

```
命令：REC
RECTANG
指定第一个角点或[倒角(C)/标高(E)/圆角(F)/厚度(T)/宽度(W)]:
指定另一个角点或[面积(A)/尺寸(D)/旋转(R)]:
```

3. 选项说明：

（1）第一个角点：指定矩形的一个角点。

（2）另一个角点：使用指定的点作为对角点创建矩形。

（3）倒角（C）：设定矩形的倒角距离。

（4）标高（E）：指定矩形的 Z 值。默认值为 0.0。

（5）圆角（F）：指定矩形的圆角半径。

（6）厚度（T）：指定矩形的边显示为被拉伸的距离。默认值为 0（注：该值为活动图形的默认值，用户可输入不同的值）。

（7）宽度（W）：为要绘制的矩形指定多段线的宽度。

（8）面积（A）：使用面积与长度或宽度创建矩形。如果"倒角"或"圆角"选项被激活，则区域将包括倒角或圆角在矩形角点上产生的效果。

（9）尺寸（D）：指定矩形长度和宽度两个数值创建矩形。

（10）旋转（R）：按指定的旋转角度创建矩形。

二、多边形

创建等边闭合多段线。可绘制 3—1024 条等长边封闭多线段。

1. 调用命令的方式：

（1）工具栏：单击 ⬠ 按钮。

（2）菜单栏：单击【绘图（D）】-【多边形（Y）】命令。

（3）命令行：在命令行输入"POL"或"POLYGON"。

2. 命令操作步骤：

（1）中心点法绘制正多边形

```
命令：POL
POLYGON 输入侧面数<4>：
指定正多边形的中心点或[边(E)]：
输入选项[内接于圆(I)/外切于圆(C)]<C>：I
指定圆的半径：
```

（2）边数创建法绘制正多边形

```
命令：POL
POLYGON 输入侧面数<4>：
指定正多边形的中心点或[边(E)]：E
指定边的第一个端点：
指定边的第二个端点：
```

3. 选项说明：

（1）边（E）：系统以指定的边为第一条边，逆时针绘制完成正多边形。

（2）内接于圆（I）：正多边形的每个点，都落在等值半径圆的圆周上，如图 3-9 所示。

（3）外切于圆（C）：正多边形的各边，都落在等值半径圆的外侧，且与等值半径圆相切，如图 3-10 所示。

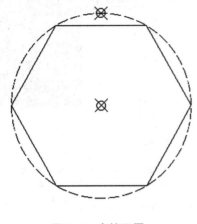

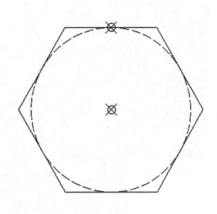

图 3-9 内接于圆   图 3-10 外切于圆

绘制曲线形对象

一、圆

1. 绘制圆的 6 种方法，如图 3-11 所示。

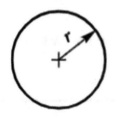

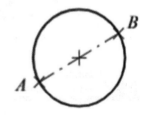

圆心、半径画圆   圆心、直径画圆   两点画圆

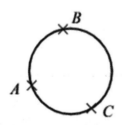

三点画圆   相切、相切、半径画圆   相切、相切、相切画圆

图 3-11 绘制圆的方法

2. 调用命令的方式：

（1）工具栏：单击 ⊘ 按钮，如图 3-12 所示。

（2）菜单栏：单击【绘图（D）】-【圆（C）】命令，如图 3-13 所示。

（3）命令行：在命令行输入 "C" 或 "CIRCLE"，如图 3-14 所示。

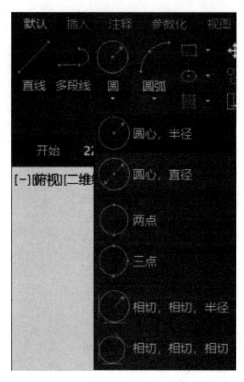

图 3-12　工具栏【圆】按钮

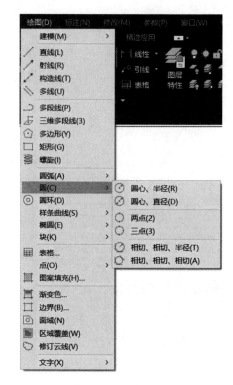

图 3-13　【圆】命令菜单

图 3-14　【圆】命令行

3. 命令操作步骤：

命令：C
CIRCLE
指定圆的圆心或[三点（3P）/两点（2P）/切点、切点、半径（T）]：
指定圆的半径或[直径（D）]<60>：

二、圆弧

绘制各种弧形的图形、轮廓线等。用户可以指定起点、圆心、端点、半径、角度、弦长和方向值各种组合形式，共有 10 种绘制方法，也可使用连续法从最近一次绘制的可用对象中获取部分信息进行创建。

1. 调用命令的方式：

（1）工具栏：单击 按钮，如图 3-15 所示。

（2）菜单栏：单击【绘图（D）】-【圆弧（A）】命令，如图 3-16 所示。

（3）命令行：在命令行输入"A"或"ARC"。

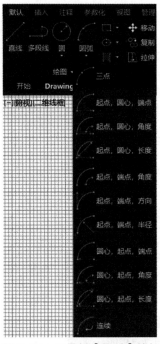

图 3-15 工具栏【圆弧】按钮

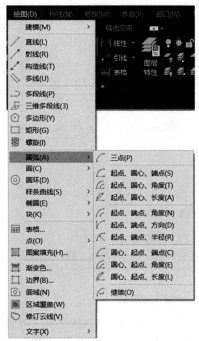

图 3-16 【圆弧】命令菜单

2. 命令操作步骤：

（1）三点绘制法

命令：A
ARC
指定圆弧的起点或[圆心(C)]：
指定圆弧的第二个点或[圆心(C)/端点(E)]：
指定圆弧的端点：

（2）起点、圆心、端点/角度/弦长

命令：A
ARC
指定圆弧的起点或[圆心(C)]：
指定圆弧的第二个点或[圆心(C)/端点(E)]：C
指定圆弧的圆心：
指定圆弧的端点(按住 Ctrl 键以切换方向)或[角度(A)/弦长(L)]：

（3）起点、端点、角度/方向/半径

命令：A
ARC
指定圆弧的起点或[圆心(C)]：

> 指定圆弧第二个点或[圆心(C)/端点(E)]：E
>
> 指定圆弧端点：
>
> 指定圆弧的圆心或[角度(A)/方向(D)/半径(R)]：
>
> 指定圆弧的中心点(按住 Ctrl 键以切换方向)或[角度(A)/方向(D)/半径(R)]：

（4）圆心、起点、端点/角度/弦长

> 命令：A
>
> ARC
>
> 指定圆弧起点或[圆心(C)]：C
>
> 指定圆弧的圆心：
>
> 指定圆弧的起点：
>
> 指定圆弧的端点(按住 Ctrl 键以切换方向)或[角度(A)/弦长(L)]：

三、椭圆

由 3 个参数来确定：中心点、长轴和短轴。有 3 种绘制椭圆的方法：

（1）定义两轴：一个轴的整长和另一轴的半长，如图 3-17 所示；

（2）中心点、两半轴：确定中心点及两轴的半长长度，如图 3-18 所示；

（3）长轴、转角：定义长轴长度位置及转角角度，如图 3-19 所示。

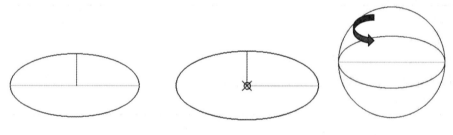

图 3-17　定义两轴　　　图 3-18　中心点、两半轴　　　图 3-19　长轴、转角

1. 调用命令的方式：

（1）工具栏：单击 按钮，如图 3-20 所示。

（2）菜单栏：单击【绘图（D）】-【椭圆（E）】命令，如图 3-21 所示。

（3）命令行：在命令行输入"EL"或"ELLIPSE"。

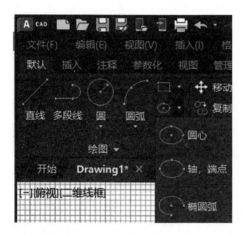

图 3-20　工具栏【椭圆】按钮

图 3-21　【椭圆】命令菜单

2. 命令操作步骤：

（1）圆心法

```
命令：EL
ELLIPSE
指定椭圆的轴端点或[圆弧(A)/中心点(C)]：C
指定椭圆的中心点：
指定轴的端点：
指定另一条半轴长度或[旋转(R)]：
```

（2）轴、端点

```
命令：EL
ELLIPSE
指定椭圆的轴端点或[圆弧(A)/中心点(C)]：
指定轴的另一个端点：
指定另一条半轴长度或[旋转(R)]：
```

四、椭圆弧

激活 EL 命令后，首先要在下面的选项中激活圆弧（A），然后绘制方法与椭圆一致。在绘制完成椭圆之后，还需要指定起始角和终止角，即确定包含角来设置椭圆弧的大小。

1. 调用命令的方式：

（1）工具栏：单击 按钮。

（2）菜单栏：单击【绘图（D）】-【椭圆（E）】-【圆弧（A）】命令。

（3）命令行：在命令行输入"EL"或"ELLIPSE"，选择【圆弧（A）】。

2. 命令操作步骤：

命令：EL
ELLIPSE
指定椭圆的轴端点或[圆弧(A)/中心点(C)]：A
指定椭圆弧的轴端点或[中心点(C)]：
指定轴的另一个端点：
指定另一条半轴长度或[旋转(R)]：
指定起点角度或[参数(P)]：
指定端点角度或[参数(P)/夹角(I)]：

任务子模块 2
复杂二维图形命令

新时代十年的伟大变革，创造了我国经济快速发展和社会长期稳定的两大奇迹，展现了中国共产党人、中国人民、中华民族的崭新风貌。中国人由曾经的仰视世界转向平视世界，实现伟大复兴有了更为主动的精神力量。相信同学们认真学习这些二维图形命令后，会有很大收获，并在一遍一遍的练习中突破自我。

在 AutoCAD 中，除了直线、构造线、多边形、圆等简单二维图形命令外，还有多段线、多线、样条曲线、面域、图案填充等复杂二维图形命令。这些命令可以绘制更复杂、更精准、更专业的图形。

【重点和难点】

掌握多段线、多线、样条曲线命令。

掌握面域、图案填充命令。

一、多段线

由多条直线和圆弧段相连而成的单一对象。用户可以分段设置不同的线宽。默认状态下两点确定一段圆弧，且与之前绘制的直线或圆弧相切，输入选项可改变相切关系，如图3-22 所示。

图 3-22　用多段线绘制的图形

1. 调用命令的方式：

（1）工具栏：单击  按钮。

（2）菜单栏：单击【绘图（D）】-【多段线（P）】命令。

（3）命令行：在命令行输入"PL"或"PLINE"。

2. 命令操作步骤：

```
命令：PL
PLINE
指定起点：
当前线宽为 0.0000：
指定下一个点或[圆弧(A)/半宽(H)/长度(L)/放弃(U)/宽度(W)]：
指定下一点或[圆弧(A)/闭合(C)/半宽(H)/长度(L)/放弃(U)/宽度(W)]：
```

3. 选项说明：

（1）圆弧（A）：与"圆弧"命令相似。

（2）半宽（H）：指定从宽线段的中心到一条边的宽度。

（3）长度（L）：创建与上一线段角度方向相同的指定长度的线段。

（4）宽度（W）：指定下一线段的宽度。

二、多线

多线可包括 1～16 条平行线，这些平行线称为元素。每个元素都可以进行单独设置，包括颜色、线型等。

各元素的位置是通过指定的距多线初始位置的偏移量确定，如图 3-23 所示。

图 3-23　用多线绘制的图形

1. 调用命令的方式：

（1）菜单栏：单击【绘图（D）】-【多线（U）】命令。

（2）命令行：在命令行输入"ML"或"MLINE"。

2. 命令操作步骤：

```
命令：ML
MLINE
当前设置：对正 = 上，比例 = 20.00，样式 = STANDARD
指定起点或[对正(J)/比例(S)/样式(ST)]：
指定下一点：
指定下一点或[放弃(U)]：
指定下一点或[闭合(C)/放弃(U)]：
```

三、样条曲线

样条曲线是经过一系列给定点的光滑曲线，是一种非均匀曲线，适用于创建形状不规则的图形。在 AutoCAD 中，绘制样条曲线有拟合点和控制点两种方法。

1. 调用命令的方式：

（1）工具栏：单击 [⍼] 按钮。

（2）菜单栏：单击【绘图（D）】-【样条曲线（S）】-【拟合点/控制点】命令。

（3）命令行：在命令行输入"SPL"或"SPLINE"。

2. 命令操作步骤：

```
命令：SPL
SPLINE
当前设置：方式=拟合　　节点=弦
指定第一个点或[方式(M)/节点(K)/对象(O)]:
输入下一个点或[起点切向(T)/公差(L)]:
输入下一个点或[端点相切(T)/公差(L)/放弃(U)]:
输入下一个点或[端点相切(T)/公差(L)/放弃(U)/闭合(C)]:
```

3. 选项说明：

（1）方式（M）：控制是使用拟合点还是使用控制点来创建样条曲线。

（2）拟合点（F）：通过指定样条曲线必须经过的拟合点来创建 3 阶（三次）B 样条曲线。

（3）控制点（CV）：通过指定控制点来创建样条曲线。使用此方法创建 1 阶（线性）、2 阶（二次）、3 阶（三次）直到最高为 10 阶的样条曲线。通过移动控制点调整样条曲线的形状。

（4）节点（K）：用来确定样条曲线中连续拟合点之间的零部件曲线如何过渡。

（5）对象（O）：将二维或三维的 2 阶或 3 阶样条曲线拟合多段线转换为等效的样条曲线。根据 DELOBJ 系统变量的设置，保留或放弃该拟合多段线。

（6）公差（L）：指定样条曲线可以偏离指定拟合点的距离。

四、修订云线

用于创建由连续圆弧组成的多段线以构成云线形对象。可以从头开始创建修订云线，也可以将闭合对象（例如圆、椭圆、闭合多段线或闭合样条曲线）转换为修订云线。

注：弧长的最大值不能超过最小值的三倍。

1. 调用命令的方式：

（1）工具栏：单击 [▉▉] 按钮。

（2）菜单栏：单击【绘图（D）】-【修订云线（V）】命令。

（3）命令行：在命令行输入"REVCLOUD"。

2. 命令操作步骤：

```
命令：REVCLOUD
最小弧长：25.3660　　最大弧长：50.7319　　样式：普通　　类型：徒手画
指定第一个点或[弧长(A)/对象(O)/矩形(R)/多边形(P)/徒手画(F)/样式(S)/修改(M)]<对象>：
沿云线路径引导十字光标…
反转方向[是(Y)/否(N)]<否>：N
修订云线完成
```

五、圆环

用于绘制指定内、外径的圆环和实心填充圆。

圆环是由一定宽度的多段线封闭形成的，可连续创建一系列相同的圆环。

1. 调用命令的方式：

（1）工具栏：单击 ⊙ 按钮。

（2）菜单栏：单击【绘图（D）】-【圆环（D）】命令。

（3）命令行：在命令行输入"DO"或"DONUT"。

2. 命令操作步骤：

```
命令：DO
DONUT
指定圆环的内径 <244.1311>：指定第二点：
指定圆环的外径 <607.4537>：指定第二点：
指定圆环的中心点或 <退出>：
指定圆环的中心点或 <退出>：*取消*
```

六、图案填充

用于在指定的填充边界内填充一定样式的图案。

1. 调用命令的方式：

（1）工具栏：单击 ▓▓▓▼ 按钮。

（2）菜单栏：单击【绘图（D）】-【图案填充（H）】命令。

（3）命令行：在命令行输入"H"或"HATCH"。

在执行该命令后，系统会打开【图案填充创建】选项板，如图 3-24 所示。

图 3-24　【图案填充创建】选项板

2. 命令操作步骤：

命令：H
HATCH
拾取内部点或[选择对象(S)/放弃(U)/设置(T)]：正在选择所有对象…
正在选择所有可见对象…
正在分析所选数据…
正在分析内部孤岛…

3. 选项说明：

（1）【边界】面板

【选择对象】选择可组成区域边界的对象。

【拾取点】在封闭区域内部任意拾取一点，系统将自动搜索到包含该内点的区域边界。

（2）【图案】面板

显示所有预定义和自定义图案的预览图像。

（3）【特性】面板

图案类型及对应特性

【实体】纯色块填充，可调节颜色。纯色块填充不存在比例、角度问题，范围有多大，颜色就会填充多大范围。

【渐变色】双色渐变，或单色明度渐变，可调节角度、填充透明度。

【图案】包含多种线性图案，可调节角度、填充比例、背景色。如果太大显示不全或太小太密，会显示成纯色块或不显示。

【用户定义】平行线填充，可调节角度、间距、双向、背景色。

（4）【原点】面板

【原点】用于设置图案的起始点，可以单击设置，也可以选择四个角或正中。

（5）【选项】面板

【关联】填充的图案是否会跟随边界变化而变化。当打开关联时，填充的图案会跟随边界的变化而变化，当关闭关联时，填充的图案不会跟随边界的变化而变化。

【注释性】指定根据视口比例自动调整案例图形比例。

【特性匹配】把选中对象的属性匹配成目标对象的属性，图案填充原点除外。

【孤岛】普通：自拾取点指定的区域向内，隔层填充，如图 3-25 所示；外部：相对拾取点位置，仅填充最外侧边界跟最近的孤岛边界，如图 3-26 所示；忽略：最外侧向内，忽略所有边界，如图 3-27 所示。

图 3-25　普通孤岛检测

图 3-26　外部孤岛检测

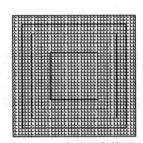
图 3-27　忽略孤岛检测

任务子模块 3
二维图形的编辑与修改

坚持稳中求进工作总基调、增强忧患意识是党中央治国理政的重要原则，也是重要思想方法和智慧。同样在绘制图形时，也要怀有此思想，仔细地进行检查，进而编辑与修改。

在 AutoCAD 中，使用基本绘图命令只能绘制一些基本的图形对象。为了绘制更复杂的图形，多数情况下，需要借助图形编辑命令修改已有图形或通过已有图形构造新的复杂图形。

【重点和难点】

掌握基本编辑命令。

掌握复杂编辑命令。

选择对象

【点选】用光标点击对象，每次只能选中一个对象，在编辑命令状态下，光标会变为小正方形框。

【框选】指定第一角点后，从左向右选择完全包含在选择区内的对象。

【叉选】指定第一角点后，从右向左选择完全包含在选择区域内的对象，以及与选择区域的边框相交叉的对象。

【减选】按住 Shift 键，加选模式将变更为减选模式，减选模式下，之前的所有操作方式依旧生效，但是效果变为减选。

基本编辑命令

一、移动

可以实现对物体的精确移动，开始移动对象前，需要确定好基点，再按需移动对象。

1. 调用命令的方式：

（1）工具栏：单击 ⊕ 按钮。

（2）菜单栏：单击【修改（M）】-【移动（V）】。

（3）命令行：在命令行输入"MOVE"或快捷键 M。

2. 命令操作步骤：

```
命令：M
MOVE
选择对象：指定对角点：找到 1 个
选择对象：
指定基点或[位移(D)]<位移>：
指定第二个点或 <使用第一个点作为位移>：
```

二、删除

删除指定对象。

1. 调用命令的方式：

（1）工具栏：单击 ![按钮] 按钮。

（2）菜单栏：单击【修改（M）】-【删除（E）】。

（3）命令行：在命令行输入"E"或"ERASE"。

（4）系统通用快捷键：DELETE。

2. 命令操作步骤：

```
命令：E
ERASE
选择对象：找到 1 个
选择对象：
```

三、旋转

选择物体，按指定的基点旋转指定的角度。

1. 调用命令的方式：

（1）工具栏：单击 ![按钮] 按钮。

（2）菜单栏：单击【修改（M）】-【旋转（R）】。

（3）命令行：在命令行输入"RO"或"ROTATE"。

2. 命令操作步骤：

```
命令：RO
ROTATE
UCS 当前的正角方向：ANGDIR=逆时针　ANGBASE=0
选择对象：找到 1 个
选择对象：
指定基点：
指定旋转角度，或[复制(C)/参照(R)]<0>：
```

3. 选项说明：

（1）指定旋转角度：指定一个基点，并按指定的基点旋转指定的角度。

（2）复制（C）：旋转选定对象的同时，保留选定对象。

（3）参照（R）：使对象从指定的角度旋转到新的绝对角度。

四、复制

1. 调用命令的方式：

（1）工具栏：单击 ![按钮] 按钮。

（2）菜单栏：单击【修改（M）】-【复制（C）】。

（3）命令行：在命令行输入"CO"或"COPY"。

2. 命令操作步骤：

```
命令：CO
COPY
选择对象：找到 1 个
选择对象：
当前设置：复制模式 = 多个
指定基点或[位移(D)/模式(O)]<位移>：
指定第二个点或[阵列(A)]<使用第一个点作为位移>：
指定第二个点或[阵列(A)/退出(E)/放弃(U)]<退出>：
```

3. 选项说明：

（1）位移（D）：使用坐标指定该对象移动的相对距离和方向。

（2）模式（O）：控制该命令是否一直自动重复。

（3）阵列（A）：指定在线性阵列中排列的副本数量。

五、镜像

用于对称复制图形，镜像轴线由两点来确定，是物体的对称轴线，对称复制后可选择是否保留原对象，如图 3-28 所示。镜像图形可以对称复制图形。镜像文字可以通过系统变量来调节镜像后的文字效果。系统变量 MIRRTEXT 值为 0 时，AutoCAD 不完全镜像文字，只镜像书写顺序，值为 1 时，完全镜像文字。

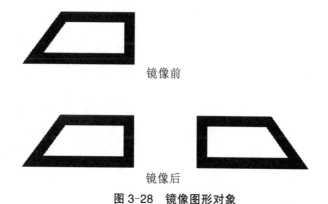

镜像前

镜像后

图 3-28　镜像图形对象

1. 调用命令的方式：

（1）工具栏：单击 按钮。

（2）菜单栏：单击【修改（M）】-【镜像（I）】。

（3）命令行：在命令行输入"MI"或"MIRROR"。

2. 命令操作步骤：

命令：MI
MIRROR
选择对象：指定对角点：找到 1 个
选择对象：
指定镜像线的第一点：
指定镜像线的第二点：
要删除源对象吗？[是(Y)/否(N)]<否>：N

六、偏移

通过指定距离或点将对象进行等距离复制，如果对象是封闭的图形，则偏移后的对象被放大或缩小，如图 3-29 所示。

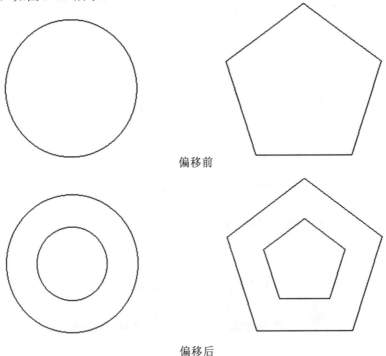

偏移前

偏移后

图 3-29　偏移图形对象

1. 调用命令的方式：

（1）工具栏：单击 ▣ 按钮。

（2）菜单栏：单击【修改（M）】-【偏移（S）】。

（3）命令行：在命令行输入"O"或"OFFSET"。

2. 命令操作步骤：

```
命令：O
OFFSET
当前设置：删除源=否　　图层=源　　OFFSETGAPTYPE=0
指定偏移距离或[通过(T)/删除(E)/图层(L)]<通过>：指定第二点：50
选择要偏移的对象，或[退出(E)/放弃(U)]<退出>：
指定要偏移的那一侧上的点，或[退出(E)/多个(M)/放弃(U)]<退出>：
```

3. 选项说明：

（1）通过（T）：创建通过指定点的对象。

（2）删除（E）：删除偏移前的源对象。

（3）图层（L）：确定偏移对象是创建在源对象图层还是当前图层。

七、阵列

阵列是对于图形进行有规律的复制。矩形阵列确定复制的行数和列数以及行间距和列间距。环形阵列确定中心点、阵列的数目和包含的角度。路径阵列，确定路径及项目间距，其对象沿路径进行复制。

编辑阵列是编辑关联阵列对象及其源对象。在对源对象进行修改之后，这些更改将反应在阵列块上。

1. 调用命令的方式：

（1）工具栏：单击 田 按钮。

（2）菜单栏：单击【修改（M）】-【对象（O）】-【阵列（A）】。

（3）命令行：在命令行输入"AR"或"ARRAY"。

2. 命令操作步骤：

```
命令：AR
ARRAY
选择对象：指定对角点：找到 1 个
选择对象：
输入阵列类型[矩形(R)/路径(PA)/极轴(PO)]<矩形>：R
类型 = 矩形　关联 = 是
选择夹点以编辑阵列或[关联(AS)/基点(B)/计数(COU)/间距(S)/列数(COL)/行数(R)/层数
(L)/退出(X)]<退出>：
```

3. 选项说明：

（1）矩形（R）：将选定对象的副本分布到行数、列数和层数的任意组合。

（2）路径（PA）：沿路径或部分路径均匀分布选定对象的副本。

（3）极轴（PO）：在绕中心点或旋转轴的环形阵列中均匀分布对象副本。

八、缩放

将对象按指定的比例因子相对于基点放大或缩小。基点的选择，最好为中心点或图形上的特征几何点，如图 3-30 所示。比例因子大于 1 时为放大，大于 0 小于 1 时为缩小。

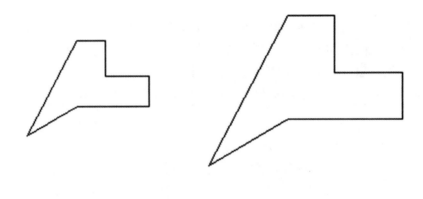

缩放前   缩放后

图 3-30　缩放图形对象

1. 调用命令的方式：

（1）工具栏：单击⬜按钮。

（2）菜单栏：单击【修改（M）】-【缩放（L）】。

（3）命令行：在命令行输入"SC"或"SCALE"。

2. 命令操作步骤：

```
命令：SC
SCALE
选择对象：找到 1 个
选择对象：
指定基点：
指定比例因子或[复制(C)/参照(R)]:
```

3. 选项说明：

（1）指定比例因子：根据指定的比例缩放对象的大小。

（2）参照（R）：根据参照长度和指定的新长度缩放对象。当新长度大于参照长度，则放大对象；反之，则缩小对象。

九、修剪

用于沿指定的修剪边界修剪对象中的某些部分，如图 3-31 所示修剪的对象可以为直线、样条曲线、多段线、矩形、多边形、圆、圆弧等。

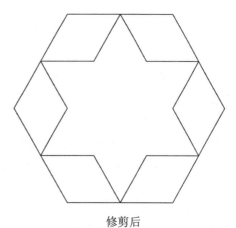

修剪前　　　　　　　　　　　　　修剪后

图 3-31　修剪图形对象

1. 调用命令的方式：

（1）工具栏：单击 ✂ 按钮。

（2）菜单栏：单击【修改（M）】-【修剪（T）】。

（3）命令行：在命令行输入"TR"或"TRIM"。

2. 命令操作步骤：

```
命令：TR
TRIM
当前设置：投影=UCS，边=无，模式=快速
选择要修剪的对象，或按住 Shift 键选择要延伸的对象或
[剪切边(T)/窗交(C)/模式(O)/投影(P)/删除(R)]:
选择要修剪的对象，或按住 Shift 键选择要延伸的对象或
[剪切边(T)/窗交(C)/模式(O)/投影(P)/删除(R)/放弃(U)]:
```

十、延伸

用于将指定的对象延伸到指定的边界上。延伸的方法与修剪方法一样，两者可以使用 Shift 键来切换。

1. 调用命令的方式：

（1）工具栏：单击 → 按钮。

（2）菜单栏：单击【修改（M）】-【延伸（D）】。

（3）命令行：在命令行输入"EX"或"EXTEND"。

2. 命令操作步骤：

```
命令：EX
EXTEND
当前设置：投影=UCS，边=无，模式=快速
选择要延伸的对象，或按住 Shift 键选择要修剪的对象或
[边界边(B)/窗交(C)/模式(O)/投影(P)]：
选择要延伸的对象，或按住 Shift 键选择要修剪的对象或
[边界边(B)/窗交(C)/模式(O)/投影(P)/放弃(U)]：
```

十一、拉伸

　　用于按指定的方向和角度拉长或缩短实体。选择的物体必须以叉选方式选择。可以进行拉伸的对象有直线、圆弧、椭圆弧、多段线、射线和样条曲线等，而点、圆、椭圆、文本和图块不能被拉伸。

　　1. 调用命令的方式：

　　（1）工具栏：单击 按钮。

　　（2）菜单栏：单击【修改（M）】-【拉伸（H）】。

　　（3）命令行：在命令行输入 "S" 或 "STRETCH"。

　　2. 命令操作步骤：

```
命令：S
STRETCH
以交叉窗口或交叉多边形选择要拉伸的对象...
选择对象：找到 1 个
选择对象：
指定基点或[位移(D)]<位移>：
指定第二个点或 <使用第一个点作为位移>：
```

十二、倒角

　　倒角是连接两条非平行的直线，通过延伸或修剪使它们相交或利用斜线连接。可以进行倒角的对象有直线、多段线、参照线和射线。有两种倒角方法：距离和角度。距离是指定两实体的倒角距离，即从两实体的交点到倒角线起点的距离。角度是指定倒角的长度以及第一条直线形成的角度。

　　1. 调用命令的方式：

　　（1）工具栏：单击 按钮。

　　（2）菜单栏：单击【修改（M）】-【倒角（C）】。

　　（3）命令行：在命令行输入 "CHA" 或 "CHAMFER"。

2. 命令操作步骤：

命令：CHA
CHAMFER
（"修剪"模式)当前倒角距离 1 = 0.0000，距离 2 = 0.0000
选择第一条直线或[放弃(U)/多段线(P)/距离(D)/角度(A)/修剪(T)/方式(E)/多个(M)]：d
指定 第一个 倒角距离 <0.0000>：1
指定 第二个 倒角距离 <1.0000>：2
选择第一条直线或[放弃(U)/多段线(P)/距离(D)/角度(A)/修剪(T)/方式(E)/多个(M)]：
选择第二条直线，或按住 Shift 键选择直线以应用角点或[距离(D)/角度(A)/方法(M)]：

3. 选项说明：

（1）多段线（P）：对多段线中两条直线相交的每个顶点进行倒角编辑。

（2）距离（D）：设置距两个对象相交的点的倒角距离。

（3）角度（A）：设置距选定对象的交点的倒角距离，以及与第一个对象或线段所成的 XY 角度。

（4）修剪（T）：设置倒角时是否修剪对象。

（5）方式（E）：选择采用"距离"还是"角度"的方式来倒角。

（6）多个（M）：同时为多个对象进行倒角编辑。

十三、圆角

圆角指通过一个指定半径的圆弧来光滑地连接两个对象。可进行圆角的对象有直线、圆弧及多段线等，但对于多段线的弧线段是无法用圆角命令的。

1. 调用命令的方式：

（1）工具栏：单击 ⬜ 按钮。

（2）菜单栏：单击【修改（M）】-【圆角（F）】。

（3）命令行：在命令行输入"F"或"FILLET"。

2. 命令操作步骤：

命令：F
FILLET
当前设置：模式 = 修剪，半径 = 0.0000
选择第一个对象或[放弃(U)/多段线(P)/半径(R)/修剪(T)/多个(M)]：R
指定圆角半径 <0.0000>：2
选择第一个对象或[放弃(U)/多段线(P)/半径(R)/修剪(T)/多个(M)]：
选择第二个对象，或按住 Shift 键选择对象以应用角点或[半径(R)]：

十四．打断

打断是将对象从某一点处断开分成两部分或删除对象的某一部分。可进行打断的对象有直线、圆弧、圆、多段线、椭圆、样条曲线、圆环、构造线等。一点打断，从一点处断开，圆不能从一点处打断。两点打断，确定两点，两点之间的部分被删除。

1. 调用命令的方式:

（1）工具栏：单击 ⊡ 按钮。

（2）菜单栏：单击【修改（M）】-【打断（K）】。

（3）命令行：在命令行输入"BR"或"BREAK"。

2. 命令操作步骤：

```
命令：BR
BREAK
选择对象：
指定第二个打断点 或[第一点(F)]:
```

十五、分解

将复合对象分解成若干个基本的组成对象，可用于图块多线、多线段、尺寸、面域的分解。分解多段线将清除线宽信息。

1. 调用命令的方式:

（1）工具栏：单击 ⬓ 按钮。

（2）菜单栏：单击【修改（M）】-【分解（X）】。

（3）命令行：在命令行输入"X"或"EXPLODE"。

2. 命令操作步骤：

```
命令：X
EXPLODE
选择对象：找到 1 个对象
选择对象：
```

十六、合并

可以将多个独立线段合并为一个实体对象。

1. 调用命令的方式:

（1）工具栏：单击 ⊡→ 按钮。

（2）菜单栏：单击【修改（M）】-【合并（J）】。

（3）命令行：在命令行输入"J"或"JOIN"。

2. 命令操作步骤：

```
命令：J
JOIN
选择源对象或要一次合并的多个对象：
选择要合并的对象：
```

【任务小结】

1. 复制类命令：复制 COPY　镜像 MIRROR　偏移 OFFSET　阵列 ARRAY
2. 能进行改变位置操作的命令：移动 MOVE　旋转 ROTATE　缩放 SCALE
3. 可以改变几何特性的命令：修剪 TRIM　删除 ERASE　延伸 EXTEND　拉伸 STRETCH　圆角 FILLET　倒角 CHAMFER　打断、打断于点 BREAK　分解 EXPLODE　合并 JOIN

【实训演练】

1. 绘制如图 3-32 所示图形，正多边形的半径为 500。

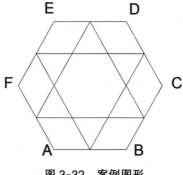

图 3-32　案例图形

命令操作步骤如下：

步骤 1：在菜单栏单击【绘图（D）】-【多边形（Y）】，输入侧面数 6，选择指定正多边形的中心点，输入选项选择内接于圆，指定圆的半径 500，绘制出半径为 500 的正六多边形。

步骤 2：在菜单栏单击【绘图（D）】-【多边形（Y）】，输入侧面数 3，选择指定正多边形的边，指定边的第一个端点：AF 中点，指定边的第二个端点：BC 中点。

步骤 3：在菜单栏单击【绘图（D）】-【多边形（Y）】，输入侧面数 3，选择指定正多边形的边，指定边的第一个端点：AB 中点，指定边的第二个端点：CD 中点。

2. 绘制如图 3-33 所示图形。

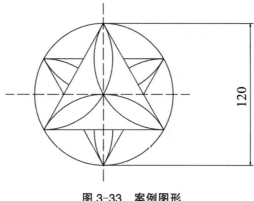

图 3-33　案例图形

命令操作步骤如下：

步骤 1：绘制出如图 3-34 所示的中心线。

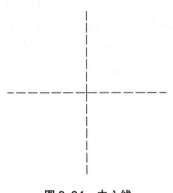

图 3-34　中心线

步骤 2：在菜单栏单击【绘图（D）】-【圆（C）】-【圆心、半径（R）】，启动命令后，绘制出以中心线交点为圆心，半径为 60 的圆，如图 3-35 所示。

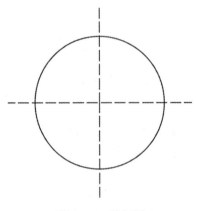

图 3-35　绘制圆

步骤 3：在菜单栏单击【绘图（D）】-【多边形（Y）】，启动命令后，输入侧面数 3，以中心线的交点为正多边形的中心点，输入选项选择内接于圆，以 A 点作为指定圆的半径的另一端点，绘制出如图 3-36 所示的图形。

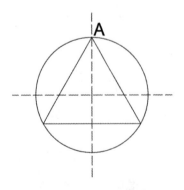

图 3-36　绘制正多边形

步骤 4：在菜单栏单击【绘图（D）】-【圆弧（A）】-【三点（P）】，启动命令后，绘制出以 B 点为圆弧起点，中心线交点为圆弧点的第二个点，C 点为圆弧端点的圆弧，如图 3-37 所示。

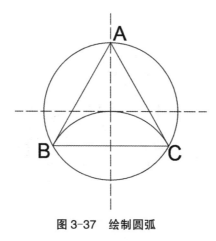

图 3-37 绘制圆弧

步骤 5：在菜单栏单击【修改（M）】-【阵列】-【环形阵列】，启动命令后，选择步骤 4 绘制的圆弧，按空格键，指定中心线的交点为指定阵列的中心点，随后系统弹出【阵列创建】选项卡，在项目区域更改项目数为 3，介于为 120，在特性区域点击【关联】按钮，取消对象之间的关联，如图 3-38 所示。更改完成后，点击【关闭阵列】按钮，阵列完成，如图 3-39 所示。

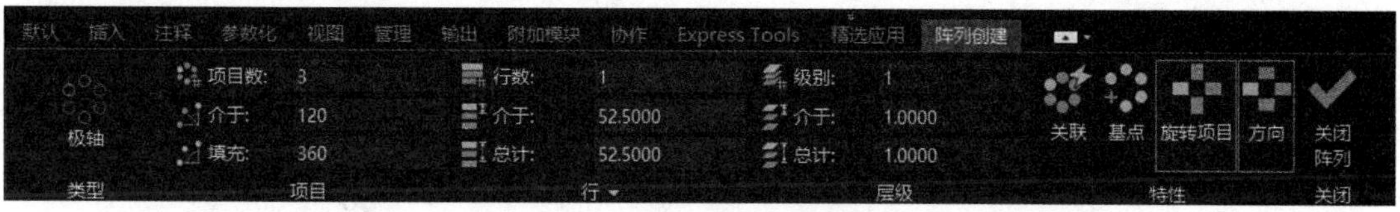

默认	插入	注释	参数化	视图	管理	输出	附加模块	协作	Express Tools	精选应用	阵列创建		
极轴	项目数：3		行数：1		级别：1					关联 基点 旋转项目 方向			关闭阵列
	介于：120		介于：52.5000		介于：1.0000								
	填充：360		总计：52.5000		总计：1.0000								
类型	项目		行		层级					特性			关闭

图 3-38 【阵列创建】选项卡

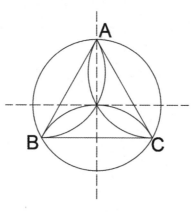

图 3-39 阵列完成

步骤 6：在菜单栏单击【修改（M）】-【阵列】-【环形阵列】，启动命令后，选择步骤 3 绘制的正多边形以及步骤 4 阵列后的三个圆弧，按空格键，指定中心线的交点为指定阵列的中心点，随后系统弹出【阵列创建】选项卡，在项目区域更改项目数为 2，介于为 180，在特性区域点击【关联】按钮，取消对象之间的关联。更改完成后，点击【关闭阵列】按钮，阵列完成，如图 3-40 所示。

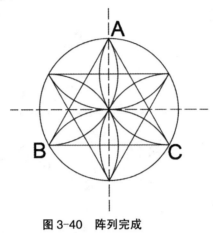

图 3-40　阵列完成

步骤 7：在菜单栏单击【修改（M）】-【修剪（T）】，启动命令后，按如图 3-33 所示的案例图形修剪掉多余的线段，修剪完成后，按 Esc 键结束命令。

【拓展练习】

1. 绘制如图 3-41 所示的图形。
2. 绘制如图 3-42 所示的图形。
3. 绘制如图 3-43 所示的图形。

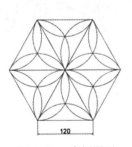

图 3-41　案例图形

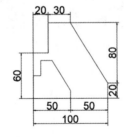

图 3-42　案例图形

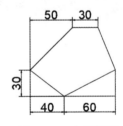

图 3-43　案例图形

项目四　文字标注与图形注释

【学习目标】

- 掌握文字及表格的创建方法。
- 熟练掌握文字及表格的编辑方法。
- 学会设置文字样式，并给施工图纸等添加文字注释或图形注释。

【项目综述】

　　只有图形而没有标注和说明的工程图纸很容易出现解读偏差，所以文字标注是一张完整的工程图纸中不可或缺的一部分。它为我们的设计提供了许多相关信息，比如标题栏的建立、技术要求的说明和注释等。它可以对图形中不便表达的内容加以说明，使图形的含义更加清晰，从而使设计、修改和施工人员对图形的要求一目了然。

　　本项目对建筑装饰制图中常见的各类中文字样式、单行多行文字、表格功能以及引线注释的使用方法进行讲解。

【任务简介】

　　1. 任务要求与效果展示

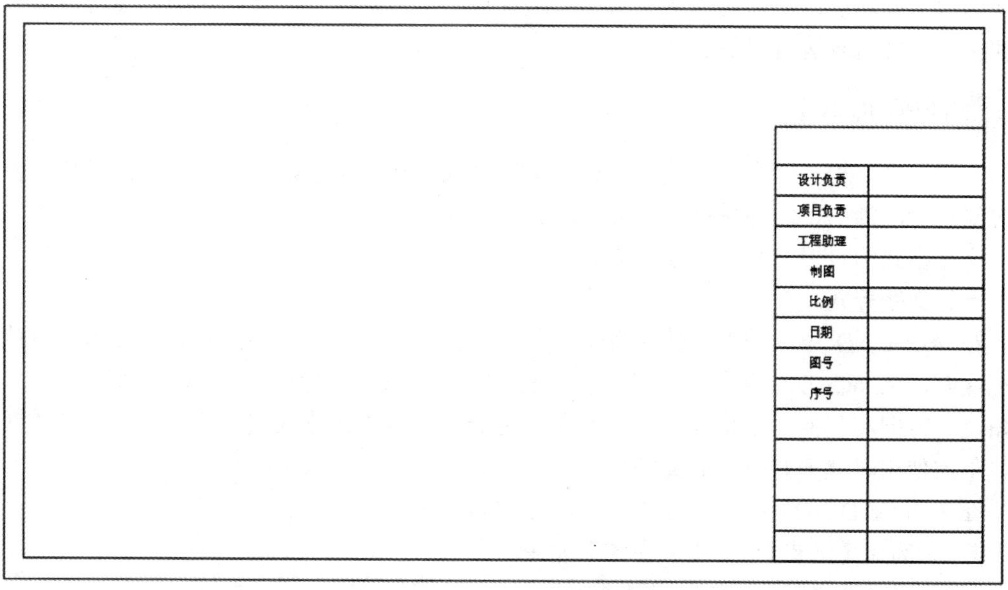

图 4-1　案例图形

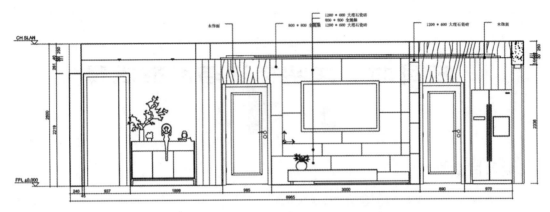

图 4-2　案例图形：客餐厅立面 C（1:40）

2. 知识技能目标

能够准确快速地进行文本标注，对编辑命令能够熟能生巧，灵活使用图形标注。

【任务实施】

任务子模块 1
文字的创建与编辑

繁荣发展文化事业和文化产业，应坚持以人民为中心的创作导向，推出更多增强人民精神力量的优秀作品，健全现代公共文化服务体系，创新实施文化惠民工程，健全现代文化产业体系和市场体系。

AutoCAD 的图形文件与文字说明是紧密相连的，文字说明可表现图形隐含和不能直接表现的含义或功能，所以对图形使用文字进行说明是必要的。学会文字的创建与编辑，可以使用户更好地表达自己的想法。

【重点和难点】

对设置文字样式、文本的输入、构造文字样式、多行文字的输入、文字的编辑以及注释等知识有清晰的了解并掌握它们的用法。

文字样式的设置及文本标注的创建。

一、文字样式

在 AutoCAD 中，图形中的所有文字都具有与之相关联的文字样式。在输入文字或尺寸标注时，AutoCAD 通常使用当前的文字样式。该样式设置字体、字号、字形、高度、倾斜角度、方向和其他文字特征。如要设置特定样式，需要在输入文字或尺寸标注前重新设置，下次使用时就为修改后的文字样式。

在 AutoCAD 2023 中，创建文字样式有以下几种方式：

（1）选择【格式】-【文字样式】命令。

（2）直接键盘输入【STYLE】命令。

（3）选择【工具】-【工具栏】-【AutoCAD】-【样式】调出样式工具栏，点击工具栏中的 ![按钮] 按钮。使用者可以把样式工具栏置于选项卡中，更方便操作。【文字样式】对话框如图 4-3 所示。

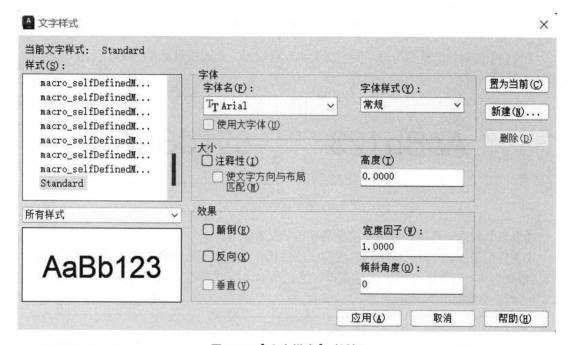

图 4-3　【文字样式】对话框

1. 设置样式名

文字样式决定了文字的外观形式，不同的文字样式，其文字对象的外观形式是不同的，而文字样式命令就是用于设置和控制文字对象外观效果的工具。【文字样式】对话框中显示了文字样式的名称、创建新的文字样式、为已有的文字样式重命名和删除文字样式等选项，各选项的含义如下。

【样式】列表框：列出当前可以使用的文字样式，默认文字样式为 Standard。

【字体】选项组：设置字体名、字体样式、字体效果等属性。

【字体名】字体名下拉表中，列出了计算机系统的 fonts 文件夹中所有注册的 TrueType 字体，此外还包括所有编译的形（SHX）字体的字体名。

【高度】用于设置注释的文字高度。在文字样式对话框中设置完成后，绘制文字注释时，系统将不再提示设置文字的指定高度。

【颠倒】勾选该选框命令时，文字将倒立显示。本选项只对单行文字使用。效果如图 4-4 所示。

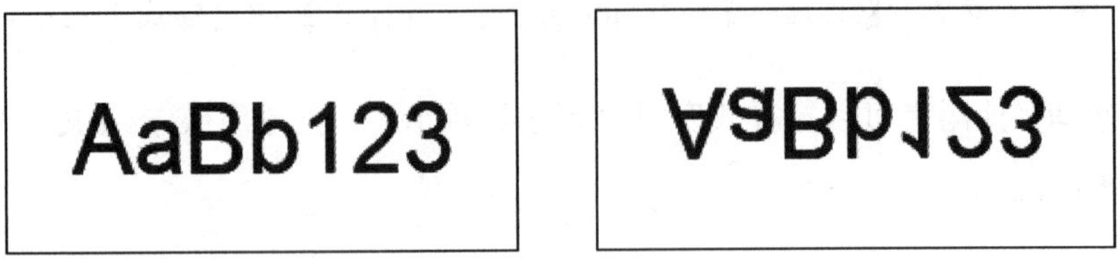

图 4-4　文字颠倒效果对比

【反向】勾选该选框命令时，文字首末将反向显示。本选项只对单行文字使用。效果如图 4-5 所示。

图 4-5　文字反向效果对比

【垂直】勾选该选框命令时，文字将沿垂直方向排版。

【宽度因子】宽度因子指字体宽度与高度的比，不是单纯地指字体的宽度。正常情况下默认数值为 1。当数值<1 时，文字变窄，当数值>1 时，文字变宽，宽度因子分别为 0.5、1、1.5 时，效果如图 4-6 所示。

图 4-6　不同宽度因子效果对比

【倾斜角度】设置文字的倾斜度，当角度数值为正数时，文字向右倾斜；当角度数值为负数时，文字向左倾斜。当倾斜角度为-30°、0°、30°时，效果如图 4-7 所示。

图 4-7　不同倾斜角度效果对比

【置为当前】按钮：单击该按钮，可以将选择的文字式样设置为当前的文字式样。

【新建】按钮：单击该按钮打开【新建文字样式】对话框，如图 4-8 所示。在【样式名】文本框中输入新建文字样式名称后，单击【确定】按钮可以创建新的文字样式。新建文字样式将显示在【样式】列表框中，如图 4-9 所示。

图 4-8　【新建文字样式】对话框　　　　　　图 4-9　【样式】列表框

【删除】按钮：单击该按钮可以删除某个已有的文字样式，但无法删除当前正在使用的文字样式和默认的 Standard 样式。如图 4-10 所示。

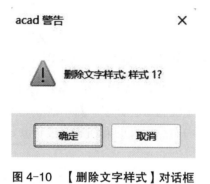

图 4-10　【删除文字样式】对话框

2. 设置字体

【文字样式】对话框的【字体】选项组用于设置文字样式使用的字体属性。其中，【字体名】下拉列表框用于选择字体；【字体样式】下拉列表框用于选择字体格式。

二、单行文字的创建与编辑

在 AutoCAD 2023 中，创建单行文字有以下几种方式：

（1）选择【绘图】-【文字】-【单行文字】命令。

（2）在工具栏中点击 下方的倒三角，选择【单行文字】命令。

（3）在命令行输入快捷键【TEXT】/【DT】命令。

激活命令后，即可在界面中进行操作。创建文本过程中需要对文字的起点、文字的高度、文字的旋转角度和文字内容进行设置。

操作流程：

（1）首先鼠标左击，指定绘制文字的起点。系统默认情况下，用户所指定的起点位置即是文字行基线的起始位置。

（2）然后输入文字高度（一般默认 2.5）：空格键确认/鼠标任意位置点击。然后进入下一步，设置文字旋转的角度，空格键确认/鼠标任意位置点击。

（3）最后输入文字文本，按两次回车键/鼠标任意位置单击即可完成单行文字的创建。按 Esc 键退出文字输入。

在操作命令时，系统下方命令行会有如下提示：

命令：text
当前文字样式："Standard" 文字高度：2.5000 注释性：否
TEXT 指定文字的起点或[对正(J)样式(S)]:

指定文字起点：默认情况下，鼠标点击位置就是文本创建的起始位置。设置的当前文本样式高度为 0 时，系统显示指定高度。

TEXT 指定高度<2.5000>：如果文字样式设置不为 0，系统将不再显示，默认文字样式中的文字高度。

仅在当前文字样式不是注释性且没有固定高度时，才显示"指定高度"提示。

仅在当前文字样式为注释性时，才显示"指定图纸文字高度"提示。

若开始即选择备选命令，如输入对正命令"J"，系统出现如下提示：

TEXT 指定文字的起点或[对正(J)样式(S)]: J
TEXT 输入选项[左(L)居中(C)右(R)对齐(A)中间(M)布满(F)左上(TL)中上(TC)右上(TR)左中(ML)正中(MC)右中(MR)左下(BL)中下(BC)右下(BR)]:

对齐（A）：通过指定基线端点来指定文字的高度和方向。

字符的大小根据其高度按比例调整。文字字符串越长，字符越矮。

布满（F）：指定文字按照由两点定义的方向和高度值布满一个区域，但只适用于水平方向的文字。

字符的高度以图形单位表示，是大写字母从基线开始的延伸距离。指定的文字高度是文字起点到用户指定的点之间的距离。文字字符串越长，字符越窄。字符高度保持不变。

中间（M）：文字在基线的水平中点和指定高度的垂直中点上对齐。中间对齐的文字不保持在基线上。

"中间"选项与"正中"选项不同，"中间"选项使用的中点是所有文字包括下行文字在内的中点，而"正中"选项使用大写字母高度的中点。

居中（C）：文字在基线的水平中点和指定高度的垂直中点上对齐，中间对齐的文字不保持在基线上。

三、多行文本标注

当要添加文字较多且较为复杂的文本内容，例如图纸的要求、设计说明等文本时，可以利用多行文字工具。多行文字中的文字可以是多行，可以设置为不同的高度、字体、倾斜、加粗，等等。

1. 多行文本的创建

在 AutoCAD 2023 中，创建多行文字有以下几种方式：

（1）在【文字】工具栏中，单击 下方的倒三角【多行文字】。

（2）选择【绘图】–【文字】–【多行文字】命令。

（3）在命令行输入快捷命令"MTEXT"。

操作流程：

（1）打开 CAD 软件，输入命令 MTEXT 后，按空格键或是在注释工具栏中，单击【多行文字】按钮 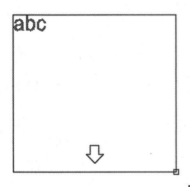。

（2）在绘图区中用指定两对角点的方式指定一个用来放置多行文字的矩形区域，鼠标指定第一个角点，拖动鼠标，绘制文字区域，如图 4-11 所示。在文字编辑器面板上执行【更多】-【编辑器设置】-【显示工具栏】命令，即可打开【文字格式】工具栏和文字输入窗口，如图 4-12 所示。

（3）设置字体和大小。

（4）输入文字，点击【确定】按钮。

（5）如果需要再次编辑文字，可以把鼠标移动到文字上，双击鼠标左键进入编辑状态编辑文字。

在【文字格式】工具栏中设置好各项文字属性后，输入文字即可完成文本的添加。

图 4-11　绘制文字区域

图 4-12　【文字格式】工具栏

2. 标尺

当输入多行文字时，在文字输入的上面会显示标尺，如图 4-13 所示。右击鼠标还可以设置段落，点击段落，如图 4 14 所示，在【段落】对话框中即可对输入的文本进行段落设置。

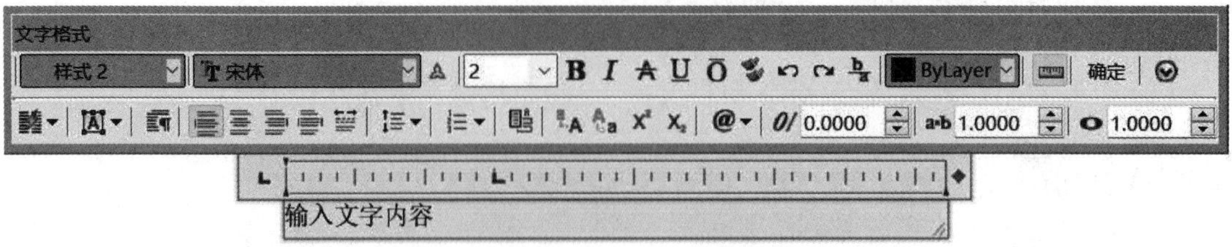

图 4-13　文字标尺

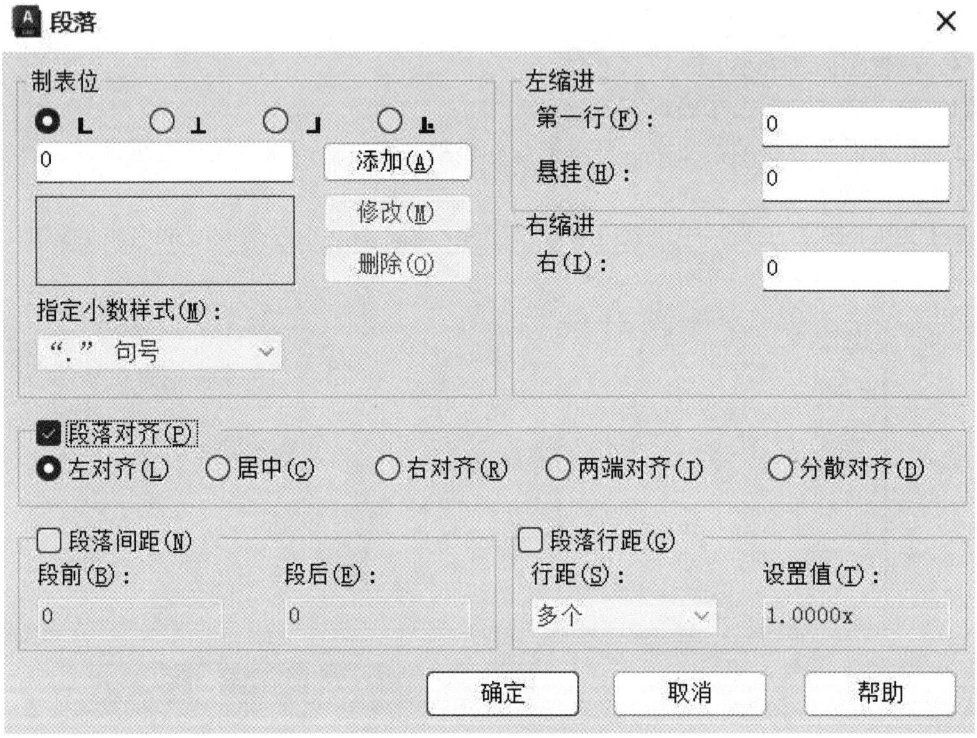

图 4-14　段落设置

3. 右键菜单和选项菜单

在文本输入窗口单击右键，或在【文字格式】工具栏中单击【选项】按钮都可以打开多行文字的选项菜单，这两个菜单所包含的工具基本相同，如图 4-15、图 4-16 所示。利用右键菜单或【选项】菜单，可以对多行文字进行各种详细编辑。

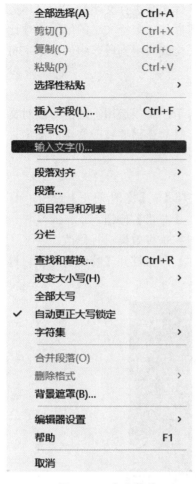

图 4-15 右击菜单

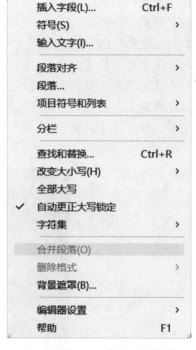

图 4-16 【选项】菜单

4. 文字的编辑

在 AutoCAD 2023 中，可对单行和多行文字的文字特性和文字内容进行编辑。

编辑文字有以下几种方式。

（1）双击文字文本。在 AutoCAD 2023 中，双击文字，可调出文字编辑器，对文字进行编辑，如图 4-17 所示。

图 4-17 文字编辑器属性面板

（2）选择【修改】-【对象】-【文字】-【编辑】命令，选择所要编辑的文字。

（3）选择菜单浏览器，输入【修改】-【对象】-【文字】-【编辑】命令，单击所要编辑的多行文字。

（4）在命令行中输入"TEXTEDIT"命令。

（5）单击【文字】工具栏上的【编辑】按钮。

利用【文字格式】工具栏，可以对所添加的多行文字进行文字样式、字体类型、文字高度的修改，加粗、倾斜或加划线，以及各种对齐操作。多行文字的编辑选项比单行文字多。例如，可以将对下划线、字体、颜色和高度的修改应用到段落中的单个字符、词语或短语。

5. 修改文字特性

在标注的文字出现错输、漏输及多输入的状态下，可以运用上面的方法对文字的内容进行修改。但是这样做只能修改文字的内容，很多时候还需要修改文字的高度、大小、旋转角度、对正样式等特性。

修改单行文字特性的方法有以下 2 种：

（1）选择菜单栏上的【修改】-【对象】-【文字】-【比例/对正】命令。

（2）单击【文字】工具栏上的【比例】按钮和【对正】按钮。

在【文字样式】对话框中对文字的颠倒、反向和垂直效果进行修改。

除此之外，执行【工具】-【选项板】-【特性】命令打开【特性】面板，选择需要编辑的文字，如图 4-18 所示。

图 4-18　【特性】面板

任务子模块 2
表格的创建与编辑

激发全民族文化创新创造活力，一个国家、一个民族的强盛，总是以文化兴盛为支撑的，中华民族伟大复兴需要以中华文化发展繁荣为条件。在全面建设社会主义现代化国家新征程上，我们应发展面向现代化、面向世界、面向未来的、民族的、科学的、大众的社会主义文化，激发全民族文化创新创造活力。

在室内设计中，经常会用到文字和表格。本节讲述表格的创建与编辑方法。表格样式、创建与插入表格、编辑表格是需要重点掌握的。

【重点和难点】

创建表格样式、创建与插入表格、编辑表格。

管理表格样式、创建编辑表格。按照制图规范建立文字及表格。

AutoCAD 中表格使用非常广泛，在表格中可以写入文本和块，并且可以编辑表格的格式。

一、创建表格样式

表格的外观由表格样式决定。用户可以使用默认表格样式 Standard，也可以创建自己的表格样式。创建表格样式有以下 3 种方式：

（1）在命令行中输入 TABLESTYLE 命令。

（2）点击【格式】-【表格样式】命令。

（3）执行【工具】-【工具栏】-【AutoCAD】-【样式】命令，打开【样式】工具栏，点击【表格样式】按钮。

在 AutoCAD 2023 中，以上方式选择其中一种即可打开【表格样式】对话框，如图 4-19 所示。

在【表格样式】对话框中单击【新建】按钮，将弹出【创建新的表格样式】对话框，如图 4-20 所示，在该对话框中可以创建新建表格样式 Standard 副本（标题）。在【基础样式】下拉列表中可以选择一种表格样式作为新表格样式的默认设置。

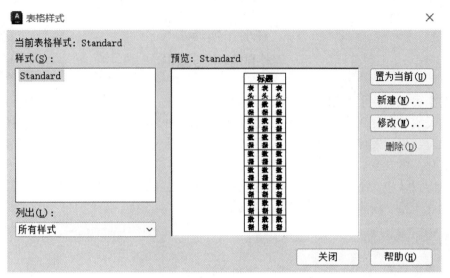

图 4-19   【表格样式】对话框

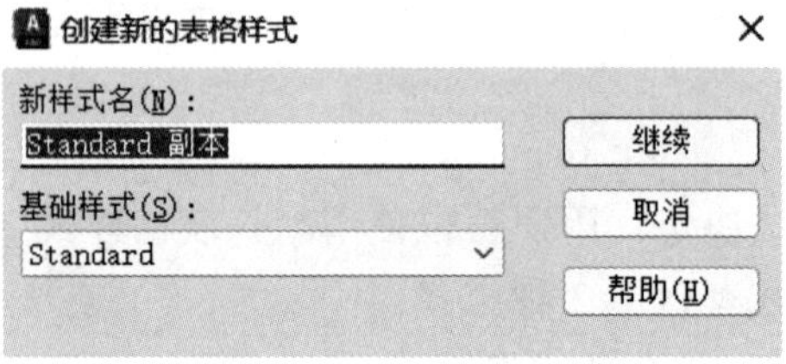

图 4-20   【创建新的表格样式】对话框

单击 【 继续 】 按钮，可打开【新建表格样式：Standard 副本】对话框，如图 4-21 所示，主要选项的作用如下。

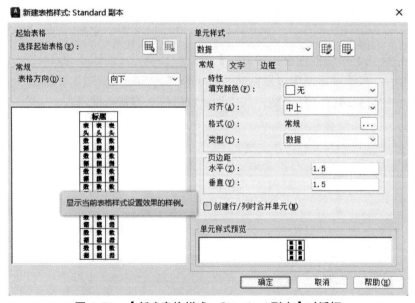

图 4-21   【新建表格样式：Standard 副本】对话框

选择起始表格：起始表格是要新建的表格格式的参照对象，就像 Word 编辑工具里的格式刷一样，找到一个表格，刷一下就把表格的格式都复制过来了。

点击 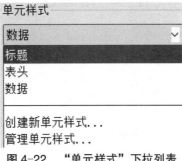 按钮，可以在 CAD 中选择已有的表格。

单元样式：是指表格的每一类单元格的样式。AutoCAD 2023 提供了 3 种基本的样式：标题、表头和数据，这 3 种样式可以分别编辑其颜色、字体等，但是不能删除。还可以根据需要新建某些单元格样式，比如可以新建一个副标题单元格，可以把字体、颜色区别于主标题。此外还有 2 个扩展选项：创建新单元样式、管理单元样式，如图 4-22 所示。

创建行/列时合并单元：在【单元样式】下拉列表中选择【标题】时才用到，可以创建一个合并过的单元格，作为标题格。

图 4-22 "单元样式"下拉列表

二、创建与插入表格

在【绘图】工具栏中单击【表格】按钮，将打开【插入表格】对话框，如图 4-23 所示。这里重点介绍【插入选项】的使用方法。它主要指定插入表格的方式，具体包含以下 3 种。

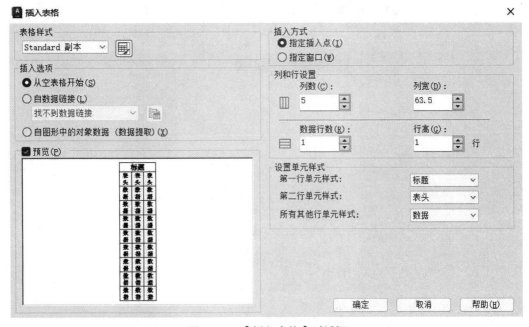

图 4-23 【插入表格】对话框

1. 从空表格开始

创建可以手动填充数据的空表格，如图 4-24 所示。一般不复杂的表格内容都是手动填写的。下面制作标题栏实例就是采用的这种方法。

图 4-24　创建空表格

2. 自数据链接

从外部 Excel 电子表格中的数据创建表格，选择【启动数据链接管理器】选项，如图 4-25 所示，将弹出【选择数据链接】对话框，如图 4-26 所示，选择【创建新的 Excel 数据链接】选项，弹出如图 4-27 所示的对话框，输入数据链接名称"表格 1"。

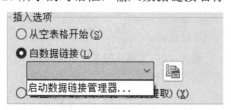

图 4-25　创建外部 Excel 表格

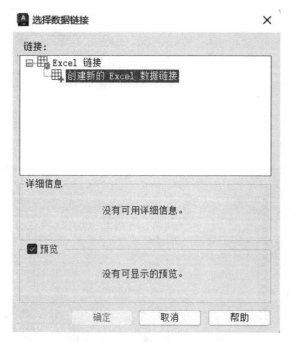

图 4-26　【选择数据链接】对话框

图 4-27　【输入数据链名称】对话框

单击【确定】按钮，弹出如图 4-28 所示的对话框，然后单击【浏览文件】后面的按钮，弹出如图 4-29 所示的对话框，选择 Excel 数据表就行了。

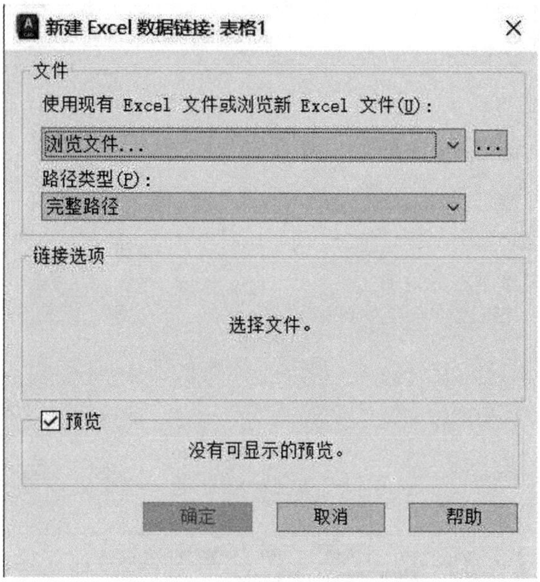

图 4-28　打开浏览文件对话框

图 4-29　选择要链接的 Excel 表格

在选择链接好一个 Excel 数据表后，单击【打开】按钮，【链接选项】选项组的变化如

图 4-30 所示，单击对话框右下角的 ⊙ 按钮，会显示出隐藏的选项，如图 4-31 所示。

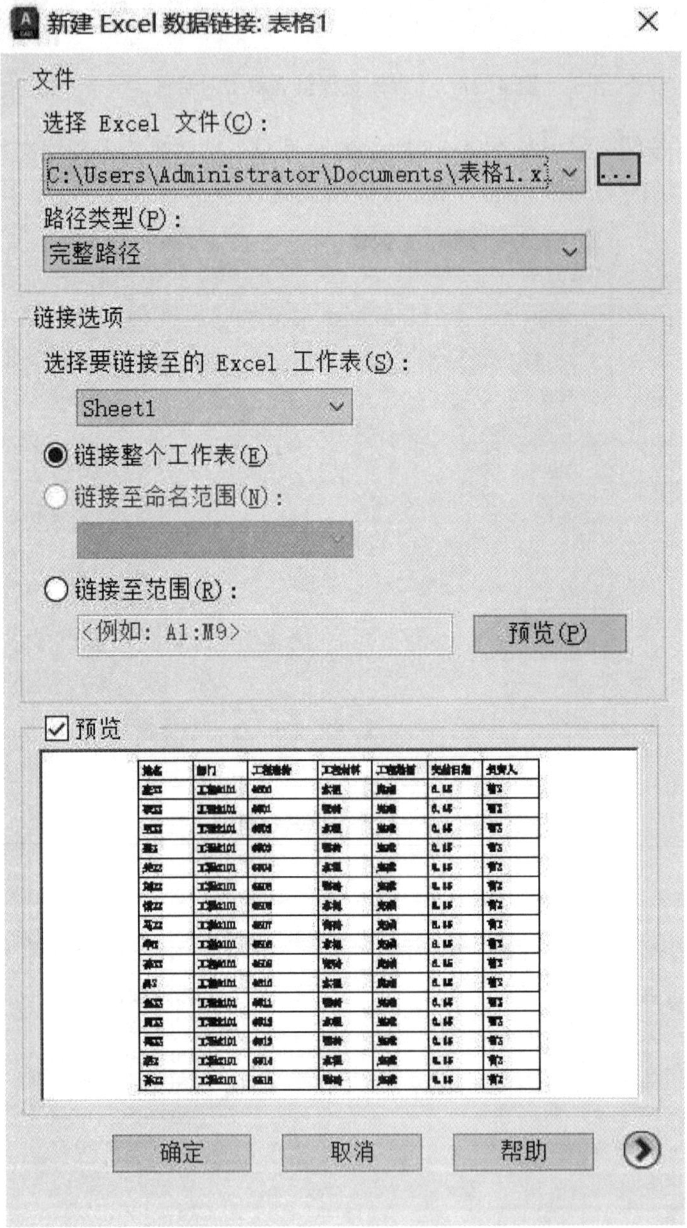

图 4-30　【新建 Excel 数据链接】对话框

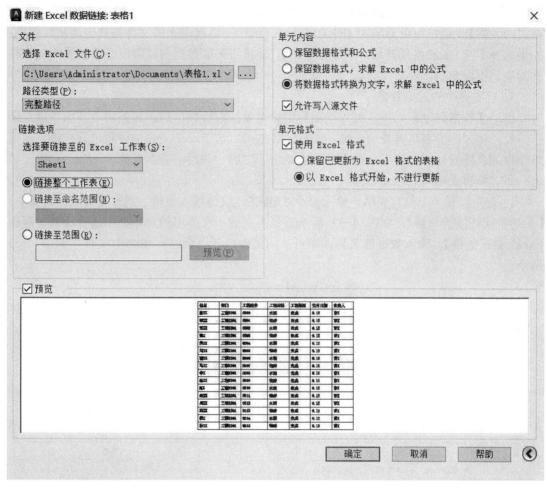

图 4-31　显示隐藏的选项

【新建 Excel 数据链接】对话框的主要使用方法概括如下。

链接整个工作表：将 Excel 文件中指定的整个工作表链接至图形中的表格。

链接至命名范围：将已包含在 Excel 文件中的命名单元范围链接至图形中的表格。单击下三角按钮将显示已链接电子表格中的可用命名范围。

链接至命名范围的操作前提是 Excel 文件必须已经对单元格区域做了命名，这是 Excel 的新功能，否则的话，此选项是灰色的不可选择状态。

链接至范围：指定要链接至图形中表格的 Excel 文件中的单元范围。在文本框中，输入要链接至图形的单元范围。有效范围包括：矩形区域（例如，A1：D10）、整列（例如，A：A）、多组列（例如，A：D）。

数据格式和公式：由于 Excel 表中的数据有各种浮点类型的数据，并且还包含计算公式，所以导入时常常需要询问是否保留这些数据格式，如求解公式等，如果导入进来后不保留这些公式了，只保留计算后的数据，一般采用把数据转换为文本的操作方式。

允许写入源文件：使用 DATALINKUPDATE 命令时，如果图形中已链接数据有更改，源文件也做同步更改，否则 DATALINKUPDATE 命令就无法逆向更新源文件。

使用 Excel 格式：链接进来的表格格式是 Excel 格式，如果选择【保留已更新为 Excel 格式的表格】就是在使用 DATALINKUPDATE 命令时，链接进来的文件格式与源文件同步；如果选择【以 Excel 格式开始，不进行更新】，链接进来的数据格式则以先前设置的链接格式为准，不再变动。

3. 自图形中的对象数据

启动【数据提取】向导，可以从图形中的对象提取特性信息，包括块及其属性以及图形特性，例如图形名和概要信息等。提取的数据可以与 Excel 文件中信息进行链接，也可以输出到表格或外部文件中。这个功能主要用于生成一些经济数据表格。

三、编辑表格

1. 首先打开一个已有表格，输入命令 TABLE，快速插入表格。选择【自数据链接】-【启动数据链接管理器】，如图 4-32 所示。点击之后，在弹出的对话框中选择【创建新的 Excel 数据链接】，输入数据链名称，即可从浏览中打开一个已有 Excel 文件，如图 4-33 所示。

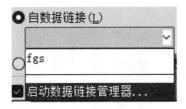

图 4-32　自数据链接

XXX校年级前六							
序号	班级	姓名	语文	数学	英语	思政	总分
1	一年级二班	李XX	97	91	96	87	371
2	一年级二班	王X	95	98	88	90	371
3	一年级三班	王XX	95	94	92	81	362
4	一年级四班	宋XX	88	92	88	89	357
5	一年级二班	任XX	91	86	92	86	355
6	一年级一班	谢XX	92	95	88	80	355

图 4-33　打开已有 Excel 文件

2. 打开表格之后，如果想要编辑表格，首先用光标点击表格网格线，激活表格编辑状态，如图 4-34 所示。点击右上方 ╋ ，系统出现【统一拉伸表格宽度】字样，光标点击，鼠标左右拖动即可整体对表格的列宽进行缩放/拉伸，如图 4-35 所示。

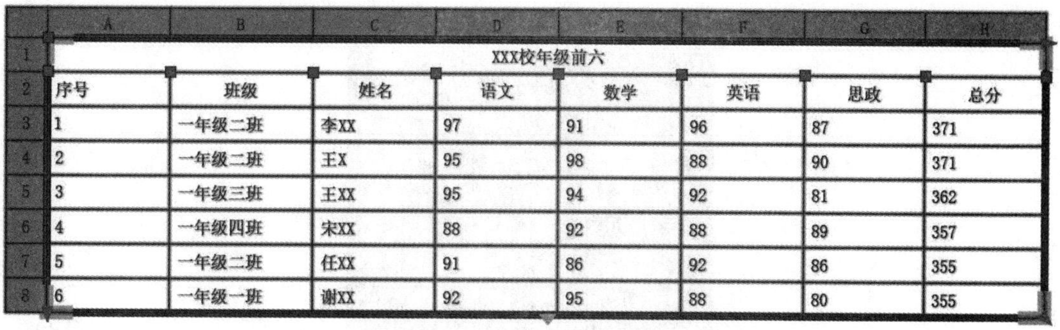

	A	B	C	D	E	F	G	H
1	XXX校年级前六							
2	序号	班级	姓名	语文	数学	英语	思政	总分
3	1	一年级二班	李XX	97	91	96	87	371
4	2	一年级二班	王X	95	98	88	90	371
5	3	一年级三班	王XX	95	94	92	81	362
6	4	一年级四班	宋XX	88	92	88	89	357
7	5	一年级二班	任XX	91	86	92	86	355
8	6	一年级一班	谢XX	92	95	88	80	355

图 4-34　激活表格编辑状态

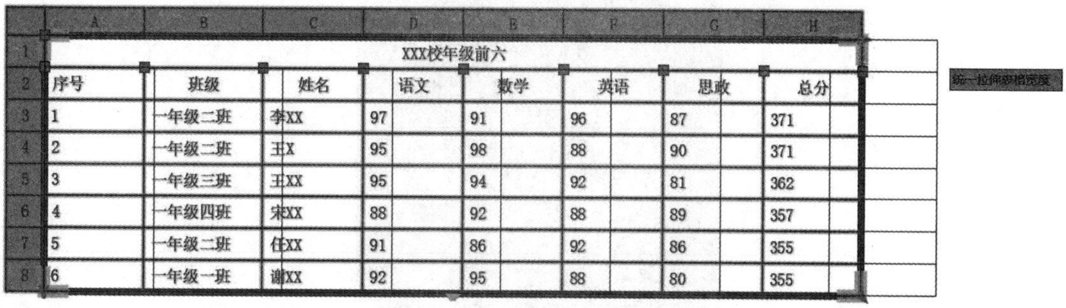

	A	B	C	D	E	F	G	H
1	XXX校年级前六							
2	序号	班级	姓名	语文	数学	英语	思政	总分
3	1	一年级二班	李XX	97	91	96	87	371
4	2	一年级二班	王X	95	98	88	90	371
5	3	一年级三班	王XX	95	94	92	81	362
6	4	一年级四班	宋XX	88	92	88	89	357
7	5	一年级二班	任XX	91	86	92	86	355
8	6	一年级一班	谢XX	92	95	88	80	355

图 4-35　拉伸/缩放表格

3. 点击表格中的■，可对表格中的列宽进行调整设置，如图 4-36 所示。点击表格中的╋，可对表格中的行高进行调整。

E	F	G	H
级前六			
数学	英语	思政	
91	96	87	371
98	88	90	371
94	92	81	362
92	88	89	357
86	92	86	355
95	88	80	355

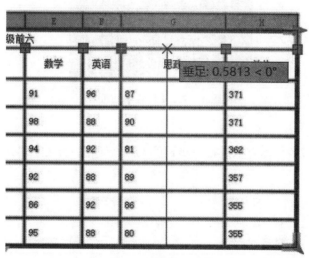

图 4-36　调整列宽

4. 点击右下方的◢，可同时调整列宽和行高。

5. 若想对表格的属性进行设置，例如，表格边框颜色、线型、表格样式、表格宽度/高度等，可以鼠标右击，然后点击【特性】便可打开【特性】面板，如图 4-37 所示。

图 4-37　【特性】面板

四、编辑单元格

如果需要对单个/多个单元格进行编辑，可以点击表格中的某个单元格，激活编辑状态，如图 4-38 所示。

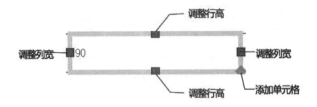

图 4-38　编辑单元格

任务子模块 3
引线的创建与编辑

增强文化自信，围绕举旗帜、聚民心、育新人、兴文化、展形象，建设社会主义文化强国。学习贯彻党的二十大精神，就要把思想和行动统一到党中央决策部署上来，推动文化自信自强，铸就社会主义文化新辉煌。

在室内设计中，不可避免地会使用到引线。本节讲述引线的创建与编辑。CAD 中的引线标注可以分为快速引线和多重引线，多重引线功能是引线功能的延伸，它可以方便地为序号标注添加多个引线，可以合并或对齐多个引线标注，在装配图、组装图上有十分重要的作用。

【**重点和难点**】

创建、修改多重引线样式，编辑引线。

管理多重引线样式，创建多重引线，按照制图规范进行引线的建立。

一、多重引线样式管理的设置

点击【注释】选项卡 注释▼ 的下拉列表，单击【多重引线】 ，打开【多重引线样式管理器】对话框，如图 4-39 所示。

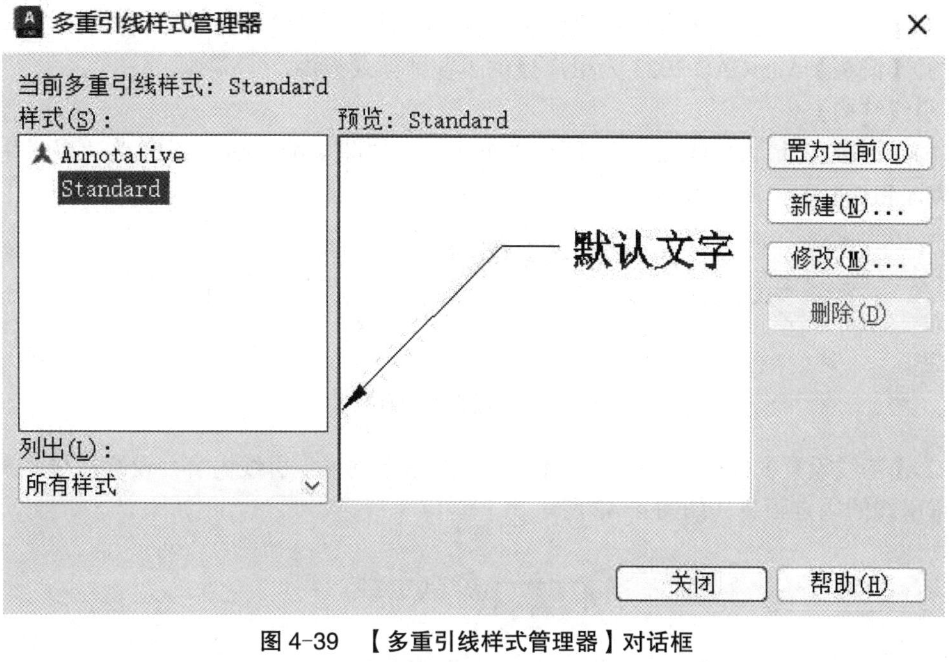

图 4-39 【多重引线样式管理器】对话框

【列出】控制样式列表中的已有内容。单击【所有样式】，可显示图形中可用的所有样式，如图 4-40 所示。点击【正在使用的样式】，显示被当前图形中的多重引线参照的多重引线样式。

图 4-40   【所有样式】下拉列表显示

【置为当前】将【样式】列表中选定的多重引线样式设置为当前样式。之后新的多重引线都将使用此多重引线样式进行创建。

【新建】显示【创建新多重引线样式】对话框，从中可以创建新的多重引线样式。

【修改】单击该对话框中的【修改】按钮，弹出【修改多重引线样式：Standard】对话框。在这里可以对多重引线的格式、引线结构、内容进行设置。

【引线格式】

（1）【类型】这里给予三种选择：直线、样条曲线、无。

（2）【颜色/线型/线宽】可以设置引线颜色、线型（虚线、实线等）、引线宽度。

（3）【箭头】AutoCAD 2023 为用户提供了各种样式箭头。

【引线结构】

（1）【约束】"最大引线点数"，即可以折线数，如图 4-41 所示，分别为"最大引线点数"为 4 和 2 时的不同状态。

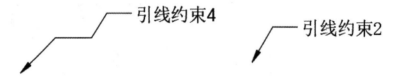

图 4-41   最大引线点数

（2）【基线设置】自动包含基线，将水平基线附着到多重引线内容；设置基线距离，确定多重引线的固定距离。如图 4-42 所示。

图 4-42   多重引线介绍

【内容】

（1）【多重引线类型】多行文字、块、无。

（2）【块】块的修改栏如图 4-43 所示。我们选择一种源块，点击【确定】。绘制多重引线，为块编辑属性，如图 4-44 所示。

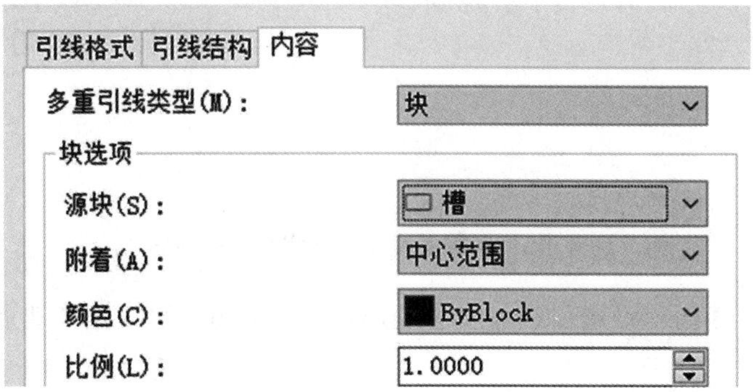

图 4-43　【块】修改栏

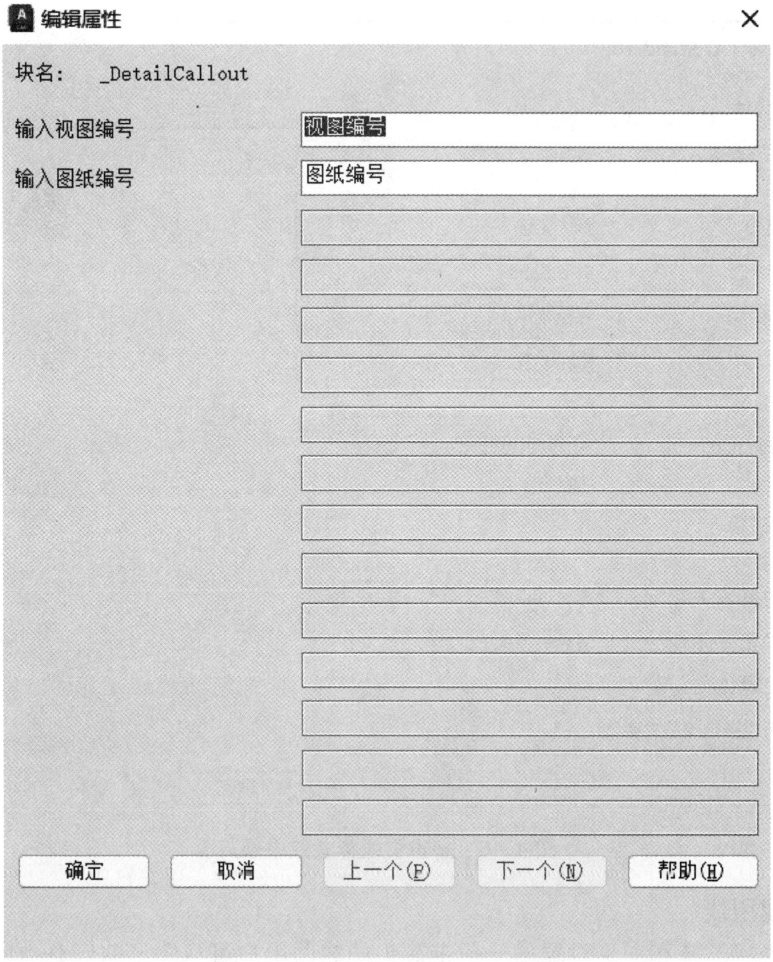

图 4-44　块的【编辑属性】对话框

（3）【多重引线类型】多行文字与块的对比。可以选择合适的类型，来更直观地表现文字的含义。如图 4-45 所示。

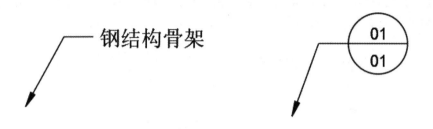

图 4-45　多重引线多行文字与块的对比

（4）【引线连接】用于设置引线与文字的连接方式。用户可根据需要通过预设窗口设置连接方式。

在【内容】选项卡的【连接位置-右】下拉列表中选择【最后一行加下划线】选项，单击【确定】按钮，最终效果如图 4-46 所示。

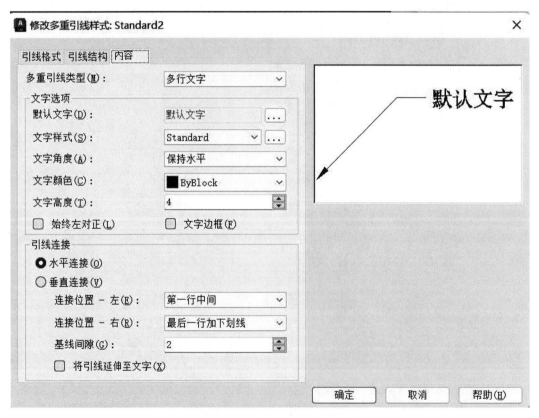

图 4-46　多重引线样式效果预览

二、创建引线

引线是连接注释和图形对象的一条带箭头的线，用户可从图形的任意点或对象上创建引线。引线可由直线段或平滑的样条曲线组成，注释文字就放在引线末端，如图 4-47 所示。

图 4-47　直线段与平滑样条曲线引线创建

【任务小结】

1. 文字特性中，高度是不能在【多行文字编辑器】对话框的【特性】选项卡中设置的。

2. 如何将多行文字变成单行文字呢？

（1）直接用"分解"EXPLODE 命令即可达到预想效果。

（2）可以利用 TXT2MTXT 命令解决。

3. 修改单元格内容可以按住 F2 键，部分电脑需要同时按住 FN 键。

4. 对单元格进行修改：选中某一单元格，再选中节点向左向右拉伸使之变长变短，按住 SHIFT 键，可进行加选，单元格中文字的修改方法是双击打字点。

5. 如果表格中单元格无法编辑，请查看单元格是否被锁定。

6. 多重引线对象或多重引线可先创建箭头，也可先创建尾部或内容。如果已使用多重引线样式，则可以利用该样式创建多重引线。

【实训演练】

1. 创建多行文字

步骤 1：打开一个源文件"XXX 户型 dwg"。如图 4-48 所示。

步骤 2：在文字工具栏面板中，单击 **A**【多行文字】按钮，根据系统提示操作。先绘制文字区域。

步骤 3：调出【文字编辑器】任务栏，在图纸中输入图 4-49 所示内容。

命令：MTEXT
指定第一角点：
指定对角点或[高度(H)对正(J)行距(L)旋转(R)样式(S)宽度(W)栏(C)]：

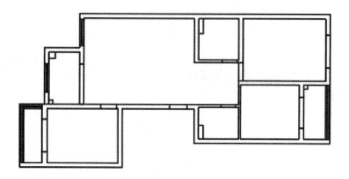

图 4-48　打开已有文档

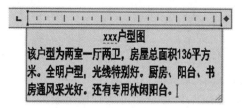

图 4-49　输入多行文本

步骤 4：选中"×××户型图"文字，在文字编辑器中找到【段落】，选择【居中】命令，在【样式】中调整【文字高度】为 80，点击【Enter】键，如图 4-50 所示。

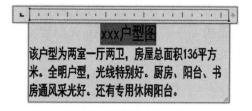

图 4-50　设置多行文本标题

步骤 5：退出文字编辑器，完成创建，最终效果如图 4-51 所示。

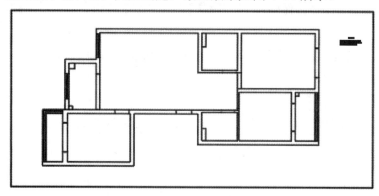

图 4-51　创建多行文本最终效果

2. 为图纸添加引线

步骤 1：执行【文件】-【打开】命令，打开餐厅立面图纸 dwg，如图 4-52 所示。

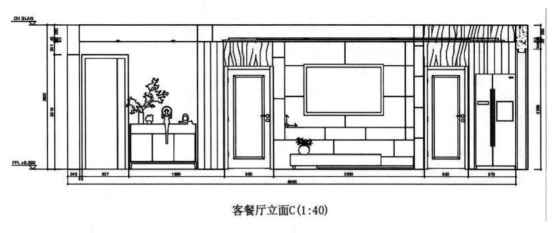

客餐厅立面C(1:40)

图 4-52　餐厅立面图

步骤 2：在选项卡中，执行【注释】-【多重引线样式】命令，点击 按钮，弹出【多重引线样式管理器】对话框，如图 4-53 所示。

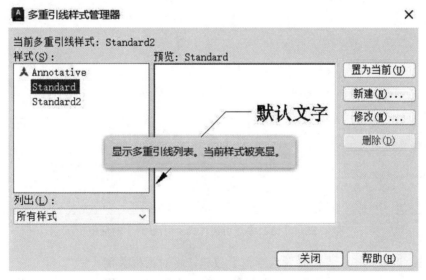

图 4-53　【多重引线样式管理器】对话框

步骤 3：单击对话框中的【新建】按钮，在弹出的【创建新多重引线样式】对话框中设置新样式名为"引线 01"，如图 4-54 所示。

步骤 4：单击【继续】按钮，在弹出的【修改多重引线样式：引线 01】对话框中进行相关设置。在【引线结构】选项下，设置【最大引线点数】为"2"，【基线设置】中的距离设置为"20"；在【引线格式】选项下，设置【箭头】符号为"点"，大小为"50"。点击【确定】按钮。如图 4-55 所示。

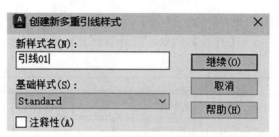

图 4-54　【创建新多重引线样式】对话框

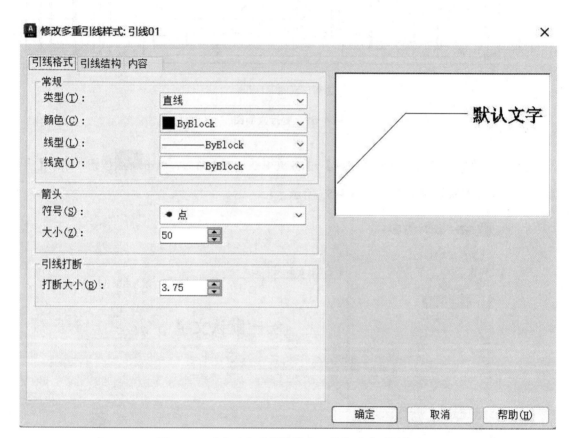

图 4-55　【修改多重引线样式：引线 01】对话框

步骤 5：设置完毕，点击【置为当前】按钮，将对话框关闭。

步骤 6：执行【标注】-【多重引线】命令，对图纸材料及尺寸进行标注。如图 4-56 所示。

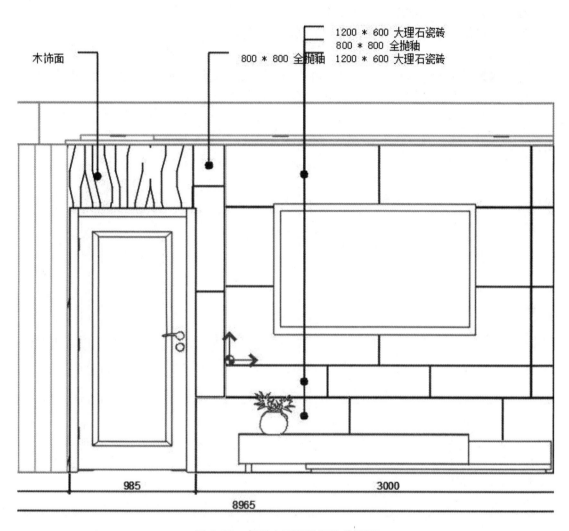

图 4-56　餐厅立面引线标注效果图

【拓展练习】

1. 为图纸添加文字说明

打开几个施工图纸 dwg 文件，更换不同的字体，删除文字，添加新文字。

要求：

（1）使用多种编辑文字命令。

（2）新建一个"文字样式"，设置字体为"Calibri"，文字效果"反向"，文字高度"3"，字体样式"斜体"。

（3）创建多行文字，添加一些文字说明。

2. 多重引线应用

在室内设计中，经常需要尺寸标注、角度标注、引线标注等，本节学习了引线标注，接下来通过引线标注一些索引图、施工工艺、材料等。

要求：

（1）设置多重引线样式，根据自己喜欢的标注类型设置，运用两种或以上标注样式；

（2）运用本章所学知识，创建简单表格，并对其外框加以修饰。

项目五　尺寸标注

【学习目标】

- 了解尺寸标注的组成及规则。
- 熟悉尺寸标注的样式设置和集成命令。
- 掌握创建形位公差的步骤。

【项目综述】

尺寸标注是绘图设计过程中相当重要的一个环节，可以精确表达图形的尺寸及其相互间的位置关系，有效指导加工与制造。因此，没有正确的尺寸标注，绘制出的图样对于加工制造就没有意义。AutoCAD 2023 提供了多种标注命令，可设置多种标注样式，并能编辑尺寸标注，可以满足建筑、机械、电子等大多数应用领域的要求。本章介绍 AutoCAD 2023 的尺寸标注功能。

【任务简介】

1. 任务要求与效果展示

按图中给定的尺寸 1:1 绘制下列图形，标注尺寸，并能根据需求编辑标注信息。如图 5-1、图 5-2 所示。

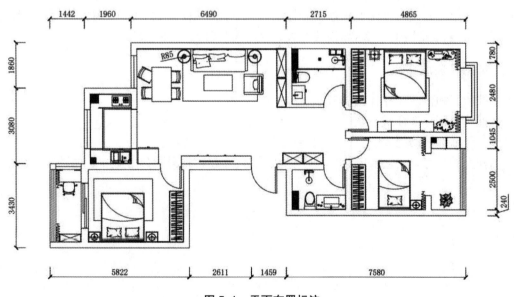

图 5-1　平面布置标注

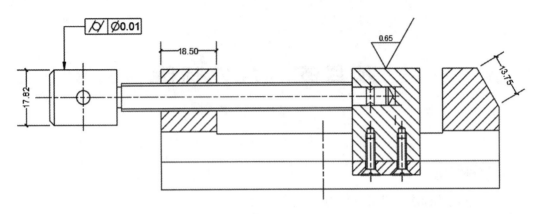

图 5-2　标注零件尺寸

2. 知识技能目标

掌握尺寸标注的样式设置、集成命令及编辑尺寸标注的方法，为图形文件添加准确的标注信息。

【任务实施】

任务子模块 1
尺寸样式

历史和实践证明，青年人有理想、有担当，国家就有前途，民族就有希望，实现中华民族伟大复兴就有源源不断的强大力量。一代人有一代人的长征，一代人有一代人的担当，以"苟利国家生死以，岂因祸福避趋之"的责任之担应对挑战、抵御风险。

标注样式用于设置标注的外观和格式。绘图者可以根据不同行业的规则和要求对标注样式进行创建和修改，以确保标注符合标准。在 AutoCAD 2023 中，绘图者可利用标注样式管理器来控制标注的外观，如箭头样式、文字位置和尺寸公差等。

【重点和难点】

掌握新建和修改尺寸样式的方法。

掌握尺寸标注的样式设置。

一、尺寸标注的组成

图样上的尺寸，应包括尺寸界限、尺寸线、尺寸起止符号和尺寸数字。如图 5-3 所示。

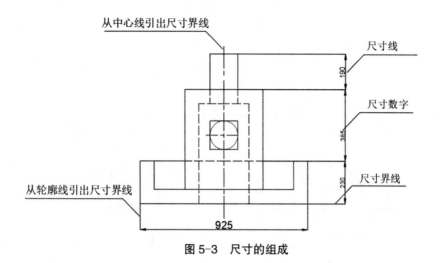

图 5-3　尺寸的组成

二、尺寸标注的规则

《房屋建筑制图统一标准》GB/T50001-2017 对建筑制图中的尺寸标注有相应的规定。

（1）尺寸界线应用细实线绘制，应与被注长度垂直，其一端应离开图样轮廓线不小于 2mm，另一端宜超出尺寸线 2～3mm。图样轮廓线可用作尺寸界线。如图 5-4 所示。

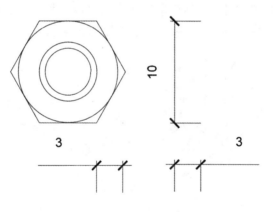

图 5-4　尺寸界线

（2）尺寸线应用细实线绘制，应与被注长度平行，两端宜以尺寸界线为边界，也可超出尺寸界线 2～3mm。图样本身的任何图线均不得用作尺寸线。通常也不与图样的图线重合或在其延长线上。

（3）尺寸起止符号用中粗斜短线绘制，其倾斜方向应与尺寸界线呈顺时针 45°角，长度宜为 2～3mm。轴测图中用小圆点表示尺寸起止符号，小圆点直径 1mm。半径、直径、角度与弧长的尺寸起止符号，宜用箭头表示，箭头宽度 b 不宜小于 1mm。如图 5-5 所示。

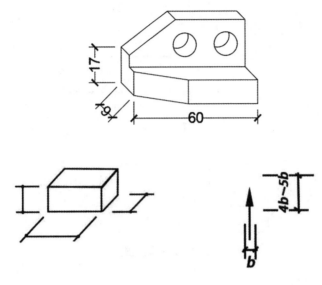

（a）轴测图尺寸起止符号　　　　　　　（b）箭头尺寸起止符号

图 5-5　尺寸起止符号

（4）图样上的尺寸，应以尺寸数字为准，不应从图上直接量取。图样上的尺寸单位，除标高及总平面以米为单位外，其他必须以毫米为单位。尺寸数字的方向，应按图 5-6（a）的规定注写。若尺寸数字在 30°斜线区内，也可按图 5-6（b）的形式注写。

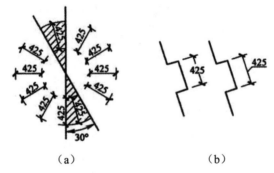

（a）　　　　　　　　　　　　（b）

图 5-6　尺寸数字注写方向

尺寸数字应依据其方向注写在靠近尺寸线的上方中部。如没有足够的注写位置，最外边的尺寸数字可注写在尺寸界线的外侧，中间相邻的尺寸数字可上下错开注写，可用引出线表示标注尺寸的位置，如图 5-7 所示。

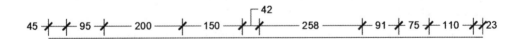

图 5-7　尺寸数字注写位置

三、标注样式管理器
标注样式管理器可以管理尺寸样式，通过它可以创建新样式、设定当前样式、修改样式、设定当前样式的替代以及比较样式。

1. 调用命令的方式：

（1）工具栏：单击【标注样式】按钮▣。

（2）菜单栏：单击【格式（O）】-【标注样式（D）】命令。

（3）命令行：在命令行输入 DIMSTYLE 或 D。

执行该命令后，系统弹出【标注样式管理器】面板，如图 5-8 所示。

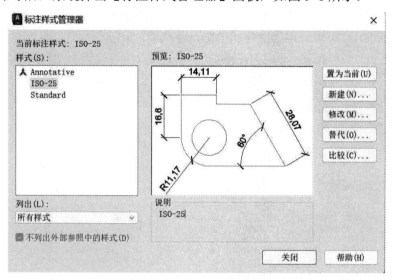

图 5-8　【标注样式管理器】面板

2. 选项说明：

（1）样式（S）：该区域列出了图形文件中的标注样式。当选中其中一个图形样式，单击鼠标右键，系统会弹出快捷菜单，可在此菜单设定当前标注样式、重命名样式和删除样式。如图 5-9 所示。

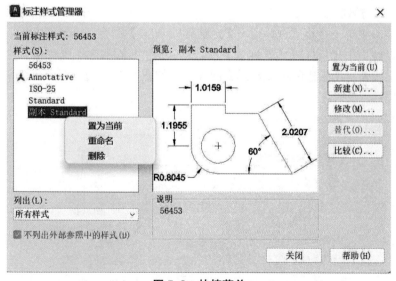

图 5-9　快捷菜单

（2）列出（L）：下拉菜单中有"所有样式"和"正在使用的样式"两个选项。"所有样式"是在"样式"区域中列出当前图形文件中所有已定义的尺寸标注样式。"正在使用的样式"是在"样式"区域中列出当前图形文件中使用的尺寸标注样式。

（3）预览：该区域显示 "样式"列表中选定样式的图示。

（4）置为当前（U）：将在"样式"下选定的标注样式设定为当前标注样式。

（5）新建（N）：可在图形文件中设定一种新的标注样式。

（6）修改（M）：可修改在"样式"区域中选定的标注样式的相关数值。

（7）替代（O）：可以设定标注样式的临时替代值。

（8）比较（C）：可在显示的【比较标注样式】面板中，比较两个标注样式或列出一个标注样式的所有特性，如图 5-10 所示。

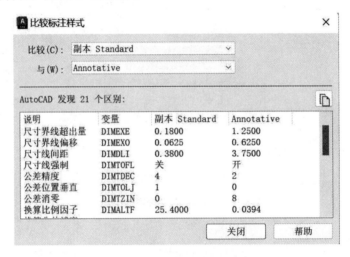

图 5-10　【比较标注样式】面板

四、新建标注样式

1. 新建标注样式的步骤：

（1）在菜单栏单击【格式（O）】-【标注样式（D）】命令。

（2）在系统弹出【标注样式管理器】面板后，单击 新建(N)... 按钮。

（3）在系统弹出【创建新标注样式】面板后，如图 5-11 所示，输入新标注样式名，然后单击 继续 按钮。

图 5-11　【创建新标注样式】面板

（4）在系统弹出【新建标注样式】面板后，如图 5-12 所示，单击每个选项卡，根据需要对新标注样式进行更改。

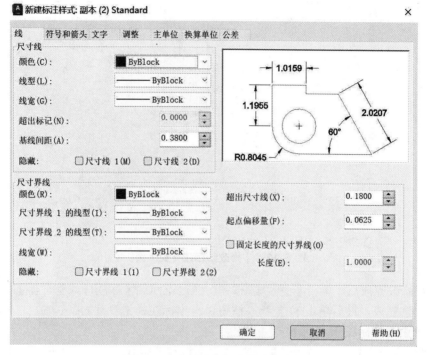

图 5-12　【新建新标注样式】面板

（5）在修改完成后，单击 确定 按钮，然后返回到【标注样式管理器】面板，新的标注样式创建完成，最后单击 关闭 按钮以退出标注样式管理器。

2. 选项说明：

（1）基础样式（S）：选择作为新标注样式的基础的样式。对于新标注样式，仅更改那些与基础特性不同的特性。

（2）注释性（A）：指定创建的新的标注样式为注释性。

（3）用于（U）：用于设定新标注样式应用的尺寸类型。

（4）继续：将弹出【新建标注样式】对话框。

五、修改标注样式

在对图形进行标注时，如果需要修改标注参数，可以通过【标注样式管理器】的 修改(M)… 按钮，进入【修改标注样式】面板，对其进行修改。

1. 修改标注样式的步骤：

（1）在菜单栏单击【格式（O）】-【标注样式（D）】命令。

（2）在系统弹出【标注样式管理器】面板后，单击 修改(M)… 按钮。

（3）在系统弹出【修改标注样式】面板后，如图 5-13 所示，单击每个选项卡，根据需要对标注样式进行任何修改。

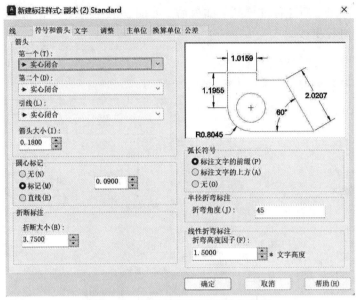

图 5-13　【修改新标注样式】面板

（4）在修改完成后，单击 确定 按钮，然后返回到【标注样式管理器】面板，当前标注样式创建完成，最后单击 关闭 按钮以退出标注样式管理器。

六、设置尺寸标注

【新建标注样式】面板、【修改标注样式】面板和【替代当前样式】面板具有相同的选项卡内容，分别是【线】、【符号和箭头】、【文字】、【调整】、【主单位】、【换算单位】、【公差】。

1.【线】选项卡

该选项卡用于设置尺寸线、尺寸界线的特性和格式。如图 5-14 所示。

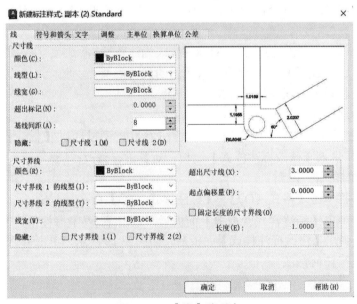

图 5-14　【线】选项卡

（1）【尺寸线】选项区域

颜色（C）：用于设置尺寸线的颜色。

线型（L）：用于设置尺寸线的线型。

线宽（G）：用于设置尺寸线的线宽。

超出标记（N）：用于设置当箭头使用倾斜、建筑标记、积分和无标记时尺寸线超出尺寸界线的距离。如图 5-15 所示。

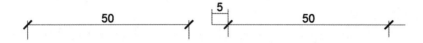

图 5-15　超出标记为 0 和超出标记为 5 时的标注效果

基线间距（A）：用于设置基线标注的尺寸线之间的距离，如图 5-16 所示。

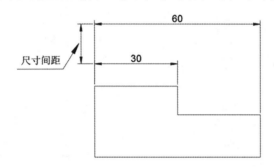

图 5-16　控制尺寸线间的距离

隐藏：确定是否隐藏尺寸线。选中"尺寸线 1"前的复选框是隐藏第一条尺寸线。选中"尺寸线 2"前的复选框是隐藏第二条尺寸线。

（2）【尺寸界线】选项区域

颜色（R）：用于设置尺寸界线的颜色。

尺寸界线 1 的线型（I）：用于设置第一条尺寸界线的线型。

尺寸界线 2 的线型（T）：用于设置第二条尺寸界线的线型。

线宽（W）：用于设置尺寸界线的线宽。

隐藏：确定是否隐藏尺寸界线。选中"尺寸界线 1"前的复选框是隐藏第一条尺寸界线。选中"尺寸界线 2"前的复选框是隐藏第二条尺寸界线。

超出尺寸线（X）：用于设置尺寸界线超出尺寸线的距离，如图 5-17 所示。

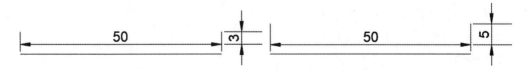

图 5 17　尺寸界线超出尺寸线 3 和 5 时的标注效果

起点偏移量（F）：用于设置自图形中定义标注的点到尺寸界线的偏移距离，如图 5-18 所示。

图 5-18　起点偏移量

固定长度的尺寸界线（O）：选中该复选框，可以在下方"长度"文本框输入长度值，系统将以此长度的尺寸界线标注尺寸。

（3）尺寸样式预览区域

以样例形式显示标注图像，可以在此区域实时看到对标注样式设置所做更改的效果。

2.【符号和箭头】选项卡

该选项卡用于设置箭头形式和大小、圆心标记、弧长符号和半径折弯标注的形式和特性等。如图 5-19 所示。

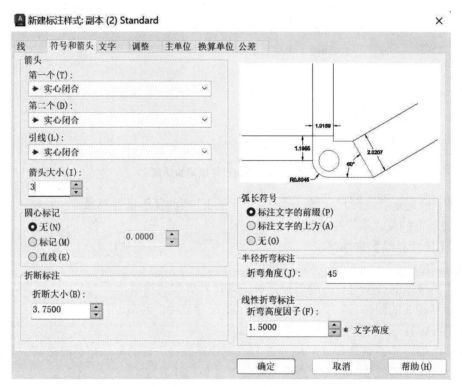

图 5-19　【符号和箭头】选项卡

3.【文字】选项卡

该选项卡用于设置标注文字的格式和大小。

4.【调整】选项卡

【调整】选项卡如图 5-20 所示。

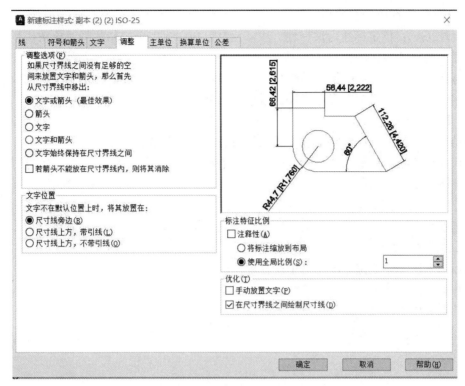

图 5-20　【调整】选项卡

（1）【调整选项（F）】选项区域

用于设置尺寸界线之间可用空间的文字和箭头的位置。

①文字或箭头（最佳效果）：当尺寸界线间的距离足够放置文字和箭头时，文字和箭头都放在尺寸界线内。否则，将按照最佳效果移动文字或箭头；当尺寸界线间的距离仅够容纳文字时，将文字放在尺寸界线内，而箭头放在尺寸界线外；当尺寸界线间的距离仅够容纳箭头时，将箭头放在尺寸界线内，而文字放在尺寸界线外；当尺寸界线间的距离既不够放文字又不够放箭头时，文字和箭头都放在尺寸界线外。

②箭头：先将箭头移动到尺寸界线外，然后移动文字。

③文字：先将文字移动到尺寸界线外，然后移动箭头。

④文字和箭头：当尺寸界线间距离不足以放下文字和箭头时，文字和箭头都移到尺寸界线外。

⑤文字始终保持在尺寸界线之间：始终将文字放在尺寸线中间。

（2）【文字位置】选项区域

用于设置标注文字的位置。如图 5-21、图 5-22、图 5-23 所示。

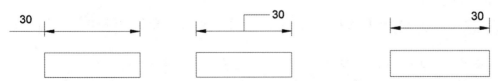

图 5-21　尺寸线旁边　　　图 5-22　尺寸线上方（带引线）　　　图 5-23　尺寸线上方（不带引线）

（3）【标注特征比例】选项区域

注释性（A）：指定标注为注释性。注释性对象和样式用于控制注释对象在模型空间或布局中显示的尺寸和比例。

将标注缩放到布局：根据当前模型空间视口和图纸空间之间的比例确定比例因子。

使用全局比例：将全部尺寸标注设置缩放比例。

（4）【优化（T）】选项区域

手动放置文字（P）：忽略所有水平对正设置，将文字放在指定的位置上。

在尺寸界线之间绘制尺寸线（D）：选中该复选框，无论箭头放在测量点之内还是之外，都会在测量点之间绘制尺寸线。

5.【主单位】选项卡

该选项卡用于设置尺寸标注的主单位和精度，及标注文字的前缀和后缀。

6.【换算单位】选项卡

该选项卡用于设置指定测量值中换算单位的显示以及格式和精度。

7.【公差】选项卡

该选项卡用于设置标注文字中公差的格式。

任务子模块 2
标注尺寸的集成命令

实现更高质量、更有效率、更加公平、更可持续、更为安全的发展，才能为全面建成社会主义现代化强国提供更为坚实的物质技术基础；只有持之以恒推进全面从严治党，以党的自我革命引领社会革命，才能使我们党始终成为中国特色社会主义事业的坚强领导核心。

标注尺寸的集成命令包括【线性】、【对齐】、【连续】、【角度】等命令，它们各有所长。在绘图中，掌握每一个命令的含义是非常重要的。其中【连续】命令在室内施工图中比较常用。

【重点和难点】

了解每一个命令的适用范围以及要求。

【连续】命令的前提是必须存在一个尺寸界限起点。

一、线性标注

1. 执行【线性】命令的方式：

（1）工具栏：在【默认】选项栏中找到【注释】并点击【线性】按钮■。如图 5-24 所示。

（2）菜单栏：单击【标注（N）】-【线性（L）】命令。如图 5-25 所示。

（3）命令行：在命令行中输入"DIMLINEAR"，再按空格键，便可以进行操作。

图 5-24　线性命令 1

图 5-25　线性命令 2

执行【线性】标注命令后，根据命令框的指示来指定标注的起始点与端点，然后指定尺寸线位置，这样便完成了线性标注。如图 5-26 所示。

2. 命令操作步骤：

命令：DIMLINEAR
指定第一个尺寸界限原点或<选择对象>：
指定第二条尺寸界限原点：
指定尺寸线位置或[多行文字(M)/文字(T)/角度(A)/水平(H)/垂直(V)/旋转(R)]：
标注文字=6250

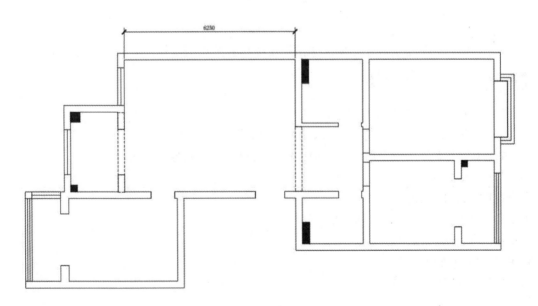

图 5-26　完成标注

3. 选项说明

（1）多行文字：在文字编辑器中输入多行文字作为尺寸文字，可以输入数字尺寸和文字。

（2）文字：以单行文字形式输入尺寸文字。

（3）角度：修改标注文字的角度。

（4）水平：尺寸文字方向与标注线平行。

（5）垂直：尺寸文字方向垂直于标注线。

（6）旋转：转角标注，设置尺寸界线相对于垂直方向的倾斜角度。

二、对齐标注

对于需要标注的对象处于倾斜状态时，使用【线性】命令无法实现与倾斜对象平行。这时需要使用【对齐】命令，让尺寸线始终与标注对象处于平行。如图 5-27 所示。

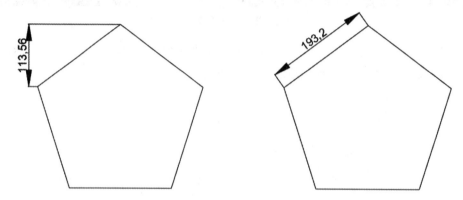

图 5-27　【线性】与【对齐】命令对比

1. 执行【对齐】命令的方式

（1）工具栏：在【默认】选项栏中找到【注释】并点击【线性】按钮旁边向下的小三角■，点击【对齐】按钮■即可。

（2）菜单栏：单击【标注（N）】-【对齐（G）】命令。

（3）命令行：在命令行输入"DIM ALIGNED"。

执行【对齐】标注命令后，同样根据命令框的指示完成对齐标注。

2. 命令操作步骤

命令：DIMALIGNED
指定第一个尺寸界线原点或 <选择对象>：
指定第二条尺寸界线原点：
指定尺寸线位置或
[多行文字(M)/文字(T)/角度(A)]：
标注文字 = 6.84

三、连续标注

连续标注是多个线性尺寸标注的组合。连续标注从某一基准尺寸界线开始，按某一方向和顺序来标注尺寸，标注的尺寸线都会在同一条直线上。在创建连续或基线标注之前，必须创建线性、对齐或角度标注。

1. 执行【连续】命令的方式

（1）工具栏：在菜单栏中执行【工具（T）】-【工具栏】-【AutoCAD】-【标注】命令。

这样便出现了如图 5-28 所示的工具栏。在标注工具栏点击【连续标注】按钮 。

（2）菜单栏：点击【标注（N）】-【连续（C）】命令。

（3）命令行：在命令行输入"DIMCONTINUE"。

图 5-28 工具栏

执行【连续】命令后，若是在执行【线性】命令后再次执行【连续】命令，则系统自动将上一次【线性】命令所标注的尺寸线终点作为连续标注的起点。如图 5-29 所示。

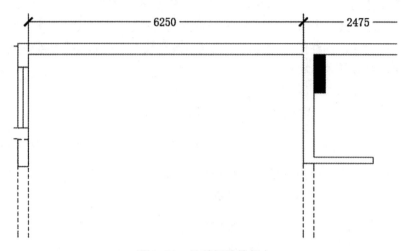

图 5-29 连续标注的起点

如果不想与上次标注的尺寸线发生连续标注关系，执行【连续】命令后输入"S"空格确定，光标就变成一个正方形的选择光标了，如图 5-30 所示。选择需要建立连续标注的尺寸线，便可以进行标注了。

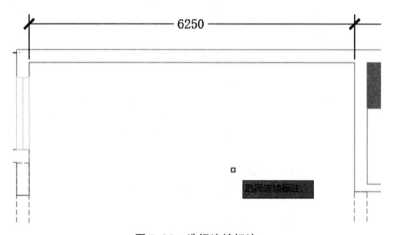

图 5-30 选择连续标注

四、角度标注

用于标注圆以及圆弧对应的角度、两条直线相交形成的夹角和三点所形成的夹角。

1. 执行【角度】命令的方式

（1）工具栏：点击【标注】工具栏中的【角度】按钮 。

（2）菜单栏：点击【标注（N）】-【角度（A）】命令。

（3）命令栏：输入命令："DIMANGULAR"。

2. 命令操作步骤

（1）圆弧对应的角度

按照命令选择圆弧对象后，系统便自动形成角度。角的顶点为圆弧的中心，圆弧的起点和终点作为角的起始位置和终点位置。如图 5-31 所示。

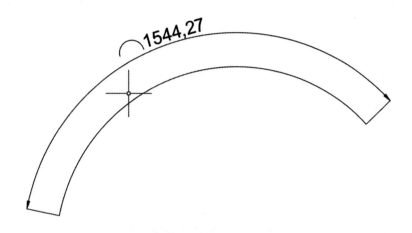

图 5-31　圆弧的角度标注

（2）圆的弧段对应的角度

选择圆，选择圆时点击的点为角的起点，第二次为终点，即可完成圆的弧段的圆心角角度的标注。如图 5-32 所示。

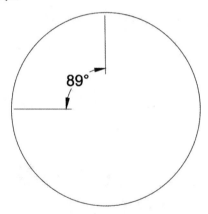

图 5-32　圆的弧度所对应的角度标注

（3）圆心角：在中心为 O 的圆中，过弧 AB 两端的半径构成的∠AOB，称为弧 AB 所对的圆心角。

命令操作步骤：

```
命令：DIMANGULAR
选择圆弧、圆、直线或<指定顶点>：
指定角的第二个端点：
指定标注弧线位置或[多行文字(M)/文字(T)/角度(A)/象限点(Q)]：
标注文字=89
```

（4）两直线形成的夹角

选择两条不平行直线，标注它们形成的夹角。两直线或延长线作为夹角的始边和终边，它们的交点作为夹角的顶点。如图 5-33 所示。

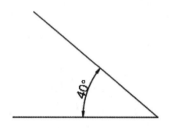

图 5-33　两直线形成的夹角

命令操作步骤：

命令：DIMANGULAR
选择圆弧、圆、直线或<指定顶点>：
选择第二条直线：
指定标注弧线位置或[多行文字(M)/文字(T)/角度(A)/象限点(Q)]：
标注文字=40

五、弧长标注

用于标注圆弧或多段线圆弧上的距离，两侧的尺寸界线可能是正交的或是径向的，并且在数值前有一个圆弧的符号。图 5-34 所示。

1. 执行【弧长】命令的方式

（1）工具栏：点击【标注】工具栏中的【弧长】按钮 。

（2）菜单栏：点击【标注（N）】-【弧长（H）】命令。

（3）命令行：在命令行输入"DIMARC"。

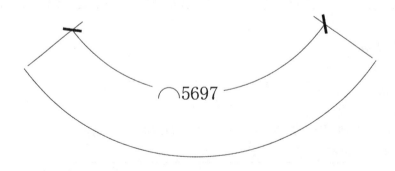

图 5-34　弧长标注

2. 命令操作步骤

> 命令：DIMARC
> 选择弧线段或多段线圆弧段：
> 指定弧长标注位置或[多行文字(M)/文字(T)/角度(A)/部分(P)/引线(L)]：
> 标注文字= 5697

六、半径标注

1. 执行【半径】命令的方式

（1）工具栏：点击【标注】工具栏中的【半径】按钮。

（2）菜单栏：点击【标注（N）】-【半径（R）】命令。

（3）命令行：在命令行输入"DIMRADIUS"。

执行命令后，选择想要标注的对象，可调到合适的位置以及长度，再次点击鼠标确定。如图 5-35 所示。

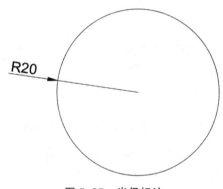

图 5-35　半径标注

2. 命令操作步骤

> 命令：DIMRADIUS
> 选择圆弧或圆：
> 标注文字 = 20
> 指定尺寸线位置或 [多行文字(M)/文字(T)/角度(A)]：

七、直径标注

1. 执行【直径】命令的方式

（1）工具栏：点击【标注】工具栏中的【直径】按钮。

（2）菜单栏：点击【标注（N）】-【直径（D）】。

（3）命令行：在命令行输入"DIMDIAMETER"。

执行命令后，选择想要标注的对象，可调到合适的位置以及长度，再次点击鼠标确定。如图 5-36 所示。

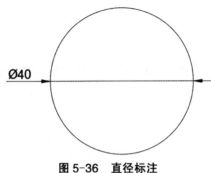

图 5-36　直径标注

2. 命令操作步骤

命令：DIMDIAMETER
选择圆弧或圆：
标注文字 ＝40
指定尺寸线位置或 [多行文字(M)/文字(T)/角度(A)]:

八、坐标标注

水平位置为横坐标，竖直位置为纵坐标。执行命令后，确定好纵坐标，按空格可以来确定横坐标，如图 5-37 所示。

1. 执行【坐标】命令的方式

（1）工具栏：点击【标注】工具栏中的【坐标】按钮▉。

（2）菜单栏：点击【标注（N）】-【坐标（O）】命令。

（3）命令行：在命令行输入"DIMORDINATE"。

2. 命令操作步骤

命令：DIMORDINATE
指定点坐标：
指定引线端点或 [X 基准(X)/Y 基准(Y)/多行文字(M)/文字(T)/角度(A)]:
标注文字 ＝7300.94

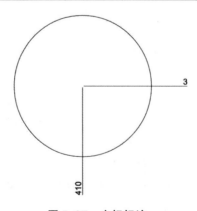

图 5-37　坐标标注

九、折弯标注

绘制 CAD 图的时候，需要对圆或圆弧进行半径或是直径标注，但是如果一个圆弧半径很大，标注的尺寸线就会很长，影响美观，此时就需要使用折弯标注。

1. 执行【折弯】命令的方式

（1）工具栏：点击【标注】工具栏中的【折弯】按钮■。

（2）菜单栏：点击【标注（N）】–【折弯（J）】命令。

（3）命令行：在命令行输入"DIMJOGGED"。

执行命令后，选择想要标注的对象，并确定图示中心位置，注意这里的中心位置并不是指圆或圆弧的中心，而是要确定这个折弯标注的起点。再连续点击两次鼠标左键便完成了这个操作。如图 5-38 所示。

2. 命令操作步骤

命令：DIMJOGGED
选择圆弧或圆：
指定图示中心位置：
标注文字 = 125.92
指定尺寸线位置或[多行文字(M)/文字(T)/角度(A)]：
指定折弯位置：

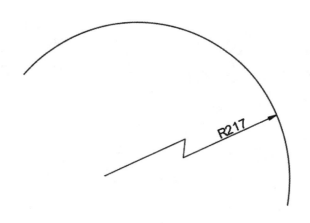

图 5-38　折弯标注

任务子模块 3
尺寸及形位公差标注

实践没有止境，理论创新也没有止境。继续推进实践基础上的理论创新，首先要把握好习近平新时代中国特色社会主义思想的世界观和方法论，坚持好、运用好贯穿其中的立场观点方法。党的二十大报告强调，必须坚持人民至上、必须坚持自信自立、必须坚持守正创新、必须坚持问题导向、必须坚持系统观念、必须坚持胸怀天下。

加工后的零件会有尺寸公差，因而构成零件几何特征的点、线、面的实际形状或相互位置与理想几何体规定的形状和相互位置存在差异，这种形状上的差异就是形状公差，而相互位置的差异就是位置公差，这些差异统称为形位公差。

【重点和难点】

了解形位公差标注，明白形位公差的各种特征符号，并能正确地运用于图纸中。能够熟练掌握形位公差标注方法。

一、形位公差标注

创建包含在特征控制框中的形位公差。

1. 调用命令的方式

（1）工具栏：单击【标注】工具栏【公差】按钮⊞。

（2）菜单栏：单击【标注（N）】-【公差（T）】。

（3）命令行：在命令行输入"TOLERANCE"或"TOL"。

执行该命令后，系统会弹出【形位公差】对话框。如图 5-39 所示。

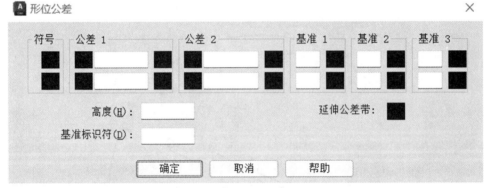

图 5-39 【形位公差】对话框

2. 该对话框中各选项含义

（1）符号：显示或设置形位公差符号。选择一个"符号"框时，显示该对话框。点击对应黑色框，系统弹出【特征符号】对话框。如图 5-40 所示。

图 5-40 【特征符号】对话框

（2）公差 1：创建特征控制框中的第一个公差值。公差值指明了几何特征相对于精确形状的允许偏差量。可在公差值前插入直径符号，在其后插入包容条件符号。

第一个框：在公差值前面插入直径符号。单击该框插入直径符号。

第二个框：创建公差值。在框中输入数值。

第三个框：显示【附加符号】对话框，从中选择修饰符号。这些符号可以作为几何特征和大小可改变的特征公差值的修饰符。如图 5-41 所示。

图 5-41　【附加符号】对话框

（3）公差 2：在特征控制框中创建第二个公差值。以与第一个相同的方式指定第二个公差值。

（4）基准 1：在特征控制框中创建第一级基准参照。基准参照由数值和修饰符号组成。基准是理论上精确的几何参照，用于建立特征的公差带。

第一个框：创建基准参照值。

第二个框：显示"附加符号"对话框，从中选择修饰符号。这些符号可以作为基准参照的修饰符。

（5）基准 2：在特征控制框中创建第二级基准参照，方式与创建第一级基准参照相同。

（6）基准 3：在特征控制框中创建第三级基准参照，方式与创建第一级基准参照相同。

（7）高度：创建特征控制框中的投影公差零值。投影公差带控制固定垂直部分延伸区的高度变化，并以位置公差控制公差精度。

（8）投影公差带：在延伸公差带值的后面插入延伸公差带符号。

（9）基准标识符：创建由参照字母组成的基准标识符。基准是理论上精确的几何参照，用于建立其他特征的位置和公差带。点、直线、平面、圆柱或者其他几何图形都能作为基准。

形位公差表示特征的形状、轮廓、方向、位置和跳动的允许偏差。形位公差一般也叫几何公差，包括形状公差和位置公差。

形位公差框格由两个框格或多个格框组成，框格中的主要内容从左到右按以下次序填写：公差特征项目符号；公差值及有关附加符号；基准符号及有关附加符号。两个框格是形状公差，三个框格是位置公差，三个以上的框格是有多个基准。

框格的高度应是框格内所书写字体高度的两倍。框格的宽度应是第一格近似于框格的高度；第二格与标注内容的长度相适应；第三格以后各格与有关字母的宽度相适应。如图 5-42 所示。

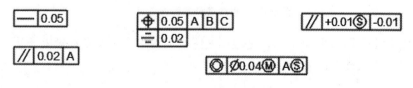

图 5-42　形位公差框格

3. 形状公差

形状公差代号包括形状公差的各项目的符号。如表 5-1 所示。

表 5-1　形状公差项目符号

公差		特征项目	符号	有或无基准要求
形状	形状	直线度	——	无
		平面度	▱	无
		圆度	◯	无
		圆柱度	⌀	无
形状或位置	轮廓	线轮廓度	⌒	有或无
		面轮廓度	◠	有或无

　　形状公差框格分为两格，第一格为形状公差的项目符号，第二格为公差数值；指引线为带箭头的细实线；形状公差值和其他有关符号。

　　直线度符号为短横线（—），是限制实际直线对理想直线变动量的一项指标。它是针对直线发生不直而提出的要求。如图 5-43 所示。

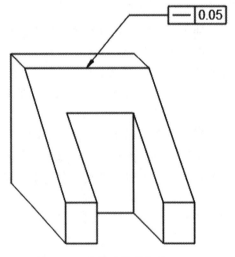

图 5-43　直线度公差标注

　　平面度符号为平行四边形（▱），是限制实际平面对理想平面变动量的一项指标。它是针对平面发生不平而提出的要求，如图 5-44 所示。

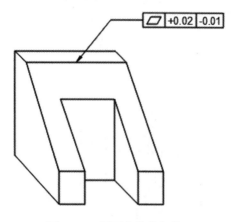

图 5-44　平面度公差标注

圆度符号为圆形（○），是限制实际圆对理想圆变动量的一项指标。它是对具有圆柱面（包括圆锥面、球面）的零件，在一正截面（与轴线垂直的面）内的圆形轮廓要求，如图 5-45 所示。

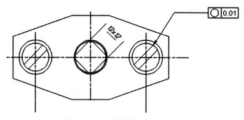

图 5-45　圆度公差标注

圆柱度符号为两斜线中间夹一圆（⌀），是限制实际圆柱面对理想圆柱面变动量的一项指标。它控制了圆柱体横截面和轴截面内的各项形状误差，如圆度、素线直线度、轴线直线度等。圆柱度是圆柱体各项形状误差的综合指标，如图 5-46 所示。

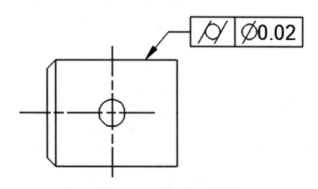

图 5-46　圆柱度公差标注

线轮廓度符号为一条上凸的曲线（⌒），是限制实际曲线对理想曲线变动量的一项指标。它是对非圆曲线的形状精度要求。

面轮廓度符号上方为下方加一横的半圆（⌂），是限制实际曲面对理想曲面变动量的一项指标，它是对曲面的形状精度要求，如图 5-47 所示。

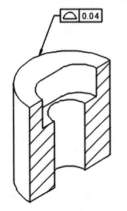

图 5-47　面轮廓度公差标注

4. 位置公差

位置公差代号包括位置公差的各项目的符号，如表 5-2 所示。

表 5-2　位置公差项目符号

公差		特征项目	符号	有或无基准要求
位置	定向	平行度	∥	有
		垂直度	⊥	有
		倾斜度	∠	有
	定位	位置度	⊕	有或无
		同轴（同心）度	◎	有
		对称度	⩵	有
	跳动	圆跳动	↗	有
		全跳动	↗↗	有

位置公差框格分为三格，第一格为形状公差的项目符号，第二格为公差数值，第三格为基准名称；指引线为带箭头的细实线；位置公差值和其他有关符号，以及基准代号等。

5. 定向公差

（1）平行度（∥）用来控制零件上被测要素（平面或直线）相对于基准要素（平面或直线）的方向偏离 0°的要求，即要求被测要素对基准等距，如图 5-48 所示。

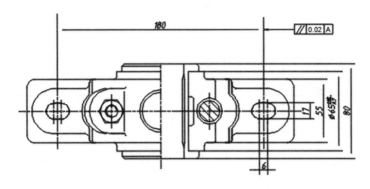

图 5-48　平行度公差标注

（2）垂直度（⊥）用来控制零件上被测要素（平面或直线）相对于基准要素（平面或直线）的方向偏离 90°的要求，即要求被测要素对基准呈 90°。

（3）倾斜度（∠）用来控制零件上被测要素（平面或直线）相对于基准要素（平面或直线）的方向偏离某一给定角度（0°-90°）的程度，即要求被测要素对基准呈一定角度（除 90°外）。

6. 定位公差

（1）同轴度（◎）用来控制理论上应该同轴的被测轴线与基准轴线的不同轴程度。

（2）对称度符号（三）是中间一横长的三条横线，一般用来控制理论上要求共面的被测要素（中心平面、中心线或轴线）与基准要素（中心平面、中心线或轴线）的不重合程度。

（3）位置度符号（⊕）是带互相垂直的两直线的圆，用来控制被测实际要素相对于其理想位置的变动量，其理想位置由基准和理论正确尺寸确定。

7. 跳动公差

（1）圆跳动符号（↗）为一个带箭头的斜线，圆跳动是被测实际要素绕基准轴线作无轴向移动、回转一周中，由位置固定的指示器在给定方向上测得的最大与最小读数之差。

（2）全跳动符号（↗↗）为两个带箭头的斜线，全跳动是被测实际要素绕基准轴线作无轴向移动的连续回转，同时指示器沿理想素线连续移动，由指示器在给定方向上测得的最大与最小读数之差。

二、被测要素的标注

被测要素是指图样上给出了形位公差要求的要素，它是被检测的对象。被测要素的箭头指引线将形位公差框格与被测要素相连，有以下两类方式标注形式。

1. 被测要素为轮廓要素的标注

轮廓要素是指构成零件外形能直接为人们所感觉到的点、线、面等要素。当公差仅涉及到轮廓线或表面时，将指引线箭头置于被测要素的轮廓线或轮廓线的延长线上，但必须与尺寸线明显地错开，即不得与尺寸线重合，如图 5-49 所示，图中指引线箭头位置是圆柱的轮廓线。

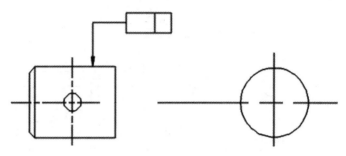

图 5-49　被测要素的标注

2. 被测要素为中心要素的标注

中心要素是指由轮廓要素导出的一种要素，如球心、轴线、对称中心线、对称中心面等。当公差涉及轴线、中心平面时，带箭头的指引线应与尺寸线的延长线重合，如图 5-50所示，有时指引线的箭头可以代替尺寸线箭头，因为尺寸箭头在尺寸线外侧。

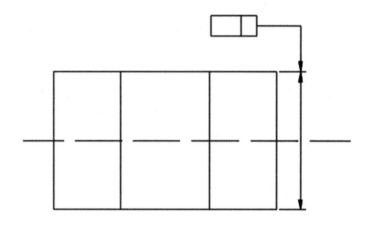

图 5-50　被测要素为中心要素的标注

三、基准要素的标注

基准要素是指用来确定被测要素方向或位置的要素。在图样上一般用基准符号标出。

1. 基准代号

相对于被测要素的基准用基准代号表示。基准代号有直径为工程字高的，细实线的圆圈，长度约等于圆圈直径的，粗实线的基准符号；细实线的连线将圆圈和基准符号连起来；基准字母是大写字母，如图 5-51 所示。基准符号应靠近基准要素的可见轮廓线或轮廓线的延长线（相距约为 1mm）。连线方向指向是圆圈的圆心。

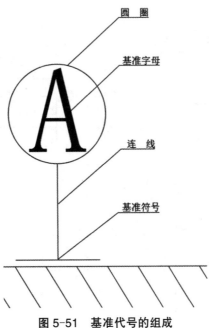

图 5-51　基准代号的组成

2. 轮廓要素作为基准时的标注

当所选基准为轮廓要素时，基准代号的连线不得与尺寸线对齐，应错开一定距离。如图 5-52 所示，A 基准在轮廓线旁边，B 基准在轮廓线的延长线上，基准符号与尺寸无关。

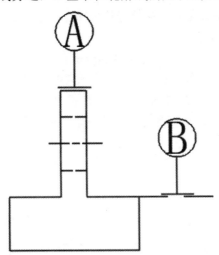

图 5-52　轮廓要素作为基准时的标注

3. 中心要素作为基准时的标注

当中心要素作为基准时，基准代号的连线应与相应基准要素的尺寸线对齐。如图 5-53 所示，基准符号与尺寸对齐，和尺寸的中心要素有关。

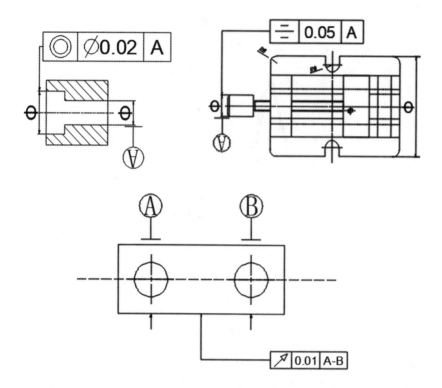

图 5-53　中心要素作为基准时的标注

四、形位公差标注中数值及有关符号的说明

1. 局部限制的标注方法

0.01/50 表示在该要素上任一局部长度 50mm 的直线度误差值不得大于 0.01mm，如图 5-54 所示。直线在全局和局部都提出要求，在被测要素的全长上的直线度误差值不得大于 0.1；同时，0.05/100 表示在该要素上任一局部长度 100mm 上的直线度误差值不得大于 0.05mm。仅对部分而不是对整个被测要素有公差要求时的标注形式。图中的粗点划线有尺寸限定范围。

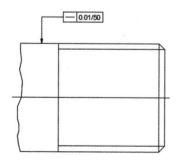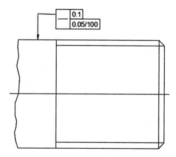

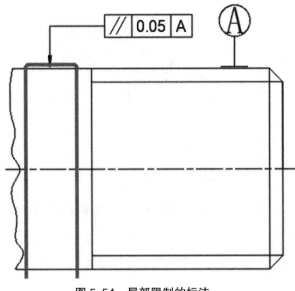

图 5-54　局部限制的标注

2. 多个箭头公差标注

用同一形位公差框格标注多个被测要素，如图 5-55 所示，有三个箭头，被测要素有三处。

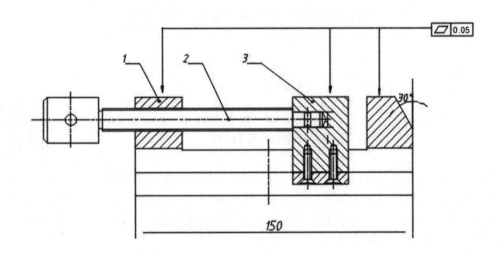

图 5-55　多个被测要素标注

3. 一个测量要素的多个测量项目的标注

同时测量圆柱面的直线度和圆度，仅用一个箭头连接两个形位公差的框格，如图 5-56 所示。

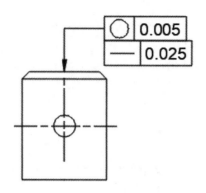

图 5-56　一个测量要素的多个测量项目的标注

4. 公差数值后附加符号

形位公差中公差框格内的数值有附加符号，如表 5-3 所示。

表 5-3　附加符号

公差数值附加符号		
符号	说明	示例
+	如果被测要素有误差，则只允许中间向材料外凸起	— | 0.01+
—	如果被测要素有误差，则只允许中间向材料内凸下	▱ | 0.05-

任务子模块 4
编辑尺寸标注

贯彻新发展理念是新时代我国发展壮大的必由之路。时代是思想之母，实践是理论之源。新征程上，我们应高举中国特色社会主义伟大旗帜，全面贯彻习近平新时代中国特色社会主义思想，继续推进马克思主义基本原理同中国具体实际相结合、同中华优秀传统文化相结合，与时俱进、开拓创新。

标注也是一种图形对象，也可以进行移动、打断复制等，用编辑命令进行编辑；也可编辑标注本身，旋转、修改或恢复标注文字、修改尺寸线等。

【重点和难点】

掌握编辑标注和编辑标注文字的方法。能够准确熟练地编辑标注，将标注在不影响图纸内容的前提上，准确地反映给使用者。

掌握替代、更新及尺寸关联标注的方法。标注以不损害图纸内容为原则准确地答复使用者。对已建立的标注要进行编辑修改时，CAD 同样提供了相关功能，其中包括对尺寸文本内容及其位置、方向等变化进行修改，使得尺寸文本向某个角度倾斜。

一、编辑标注

编辑标注文字和尺寸界线。旋转、修改或恢复标注文字。更改尺寸界线的倾斜角。

1. 调用命令的方式

（1）工具栏：单击【编辑标注】按钮██。

（2）菜单栏：单击【标注（N）】-【倾斜（Q）】。

（3）命令行：在命令行输入"DIMEDIT"。

2. 命令操作步骤

命令：DIMEDIT
输入标注编辑类型[默认(H)/新建(N)/旋转(R)/倾斜(O)]<默认>：
选择对象：

3. 选项说明

（1）默认（H）：将旋转标注文字移回默认位置。选定的标注文字移回到由标注样式指定的默认位置和旋转角。

（2）新建（N）：使用文字编辑器更改标注文字。

（3）旋转（R）：旋转标注文字。

（4）倾斜（O）：当尺寸界线与图形的其他要素冲突时，"倾斜"选项将很有用处。倾斜角从 UCS 的 X 轴进行测量。

二、替代标注

替代选定标注的指定标注系统变量，或清除选定标注对象的替代，从而将其返回到由其标注样式定义的设置。

1. 调用命令的方式

（1）菜单栏：单击【标注（N）】-【替代（V）】。

（2）命令行：在命令行输入"DIMOVER"或"DIMOVERRIDE"。

2. 命令操作步骤

命令：DIMOVER
DIMOVERRIDE
输入要替代的标注变量名或[清除替代(C)]：

3. 选项说明

（1）输入要替代的标注变量名：替代指定尺寸标注系统变量的值。

（2）清除替代（C）：清除选定标注对象的所有替代值。将标注对象返回到其标注样式所定义的设置。

三、更新标注

用当前标注样式更新标注对象。

1. 调用命令的方式

（1）工具栏：单击【标注更新】按钮██。

（2）菜单栏：单击【标注（N）】-【更新（U）】。

（3）命令行：在命令行输入"-DIMSTYLE"。

2. 命令操作步骤

```
命令：-DIMSTYLE
当前标注样式：ISO-25    注释性：否
输入标注样式选项
[注释性(AN)/保存(S)/恢复(R)/状态(ST)/变量(V)/应用(A)/?] <恢复>：
输入标注样式名、[?]或 <选择标注>：
选择标注：
```

3. 选项说明

（1）注释性（AN）：创建注释性标注样式。

（2）保存（S）：将标注系统变量的当前设置保存到标注样式。新的标注样式成为当前样式。

（3）恢复（R）：将标注系统变量设置恢复为选定标注样式的设置。

（4）状态（ST）：显示图形中所有标注系统变量的当前值。

（5）变量（V）：列出某个标注样式或选定标注的标注系统变量设置，但不修改当前设置。

（6）应用（A）：将当前尺寸标注系统变量设置应用到选定标注对象，永久替代应用于这些对象的任何现有标注样式。

（7）?：列出当前图形中的命名标注样式。

四、尺寸关联

将选定的标注关联或重新关联至对象或对象上的点。

1. 调用命令的方式

（1）菜单栏：单击【标注（N）】-【重新关联标注（N）】。

（2）命令行：在命令行输入"DIMREASSOCIATE"。

2. 命令操作步骤

```
命令：DIMREASSOCIATE
选择要重新关联的标注 ...
选择对象或[解除关联(D)]
```

3. 选项说明

（1）选择对象：指定一个或多个非关联标注或引线对象，以将其手动重新关联到对象或对象上的点。

（2）已解除关联：指定用于手动重新关联的所有非关联标注或引线对象。

五、尺寸文字位置调整

创建好了尺寸标注之后，经常会发现标注文字的位置不太合适，就需要将文字沿着尺寸线进行位置调整。最简单的方法是，选中该标注，然后点击文字夹点，利用夹点编辑直接调整文字位置，可以配合极轴追踪使用，保证尺寸线位置，如图 5-57 所示。

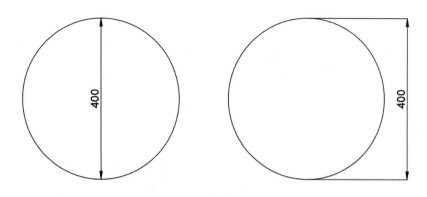

图 5-57　利用夹点调整文字位置

1. 调用命令的方式

（1）工具栏：单击【编辑标注文字】按钮 ![A]。

（2）菜单栏：单击【标注（N）】-【对齐文字】子菜单。

（3）命令行：在命令行输入"DIMTEDIT"。

2. 命令操作步骤

执行【标注】-【对齐文字】命令，选择合适的子命令，如图 5-58 所示。鼠标选择标注尺寸对象，可以改变文字在尺寸线中的位置，如图 5-59 所示。

命令：DIMTEDIT
选择标注：
为标注文字指定新位置或[左对齐(L)/右对齐(R)/居中(C)/默认(H)/角度(A)]:
命令：*取消*

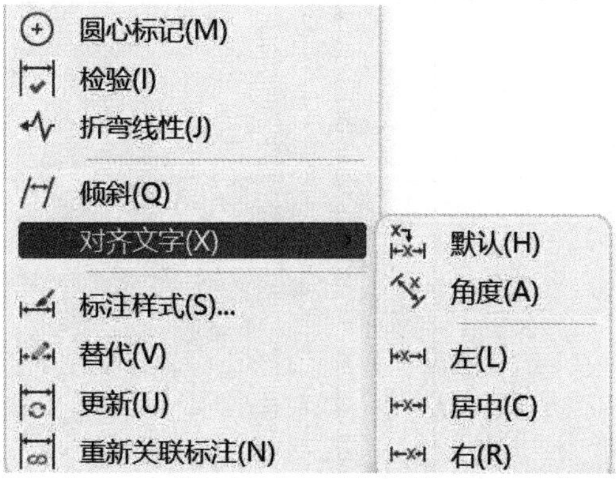

⊕　圆心标记(M)
⊢⊣　检验(I)
⋀　折弯线性(J)

⊢⊣　倾斜(Q)

对齐文字(X)　▶　　ˣ⊣　默认(H)
　　　　　　　　　　⋀ˣ　角度(A)
⊿　标注样式(S)...
⊢⊿　替代(V)　　　　⊢×⊣　左(L)
⊙　更新(U)　　　　⊢×⊣　居中(C)
⊡　重新关联标注(N)　⊢×⊣　右(R)

图 5-58　右键菜单栏

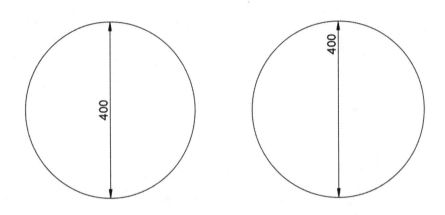

图 5-59　标注尺寸线右侧

六、编辑标注文字

编辑标注文字时可以使用多行文字编辑器的大部分功能，如回车换行、插入字段、设置上下划线等，还可以利用多行文字堆叠来写公差。

执行【修改】-【对象】-【文字】-【编辑】命令，选择需要修改的文字，可弹出【文字编辑器】任务栏，如图 5-60 所示，可选择标注的文字进行编辑。

图 5-60　文字编辑器

在【文字编辑器】中，对标注文字参数进行修改，如图 5-61 所示。

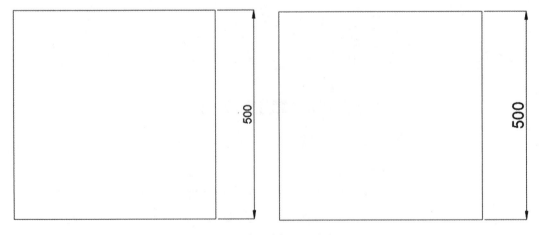

图 5-61　修改标注文字参数

【任务小结】

1. 尺寸标注组成尺寸界限、尺寸线、尺寸起止符号和尺寸数字。

2. 机械零件图形中的尺寸标注包括线性尺寸标注、角度标注、引线标注、粗糙度标注等。

3. 形位公差框格中，不仅要表达形位公差的特征项目、基准代号和其他符号，还要正确给出公差带的大小、形状等内容。

4. 组成尺寸标注的尺寸线、尺寸界线、尺寸文本和尺寸箭头可以采用多种形式，尺寸标注以什么形态出现取决于当前所采用的尺寸标注样式。标注样式决定尺寸标注的形式，包括尺寸线、尺寸界线、尺寸箭头和中心标记的形式、尺寸文本的位置及特性等。

【实训演练】

为平面布置图标注

步骤 1：打开 CAD 文件"平面布置图"，执行【标注】-【线性】命令，选择位置如图 5-62 所示。也可开启标注工具栏。

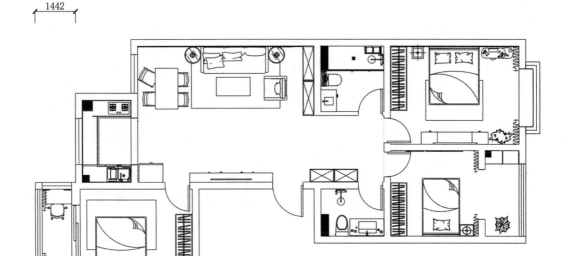

图 5-62　线性标注选择位置

步骤 2：执行【标注】-【连续】命令，依次对每一个节点进行标注。具体节点操作如图 5-63 所示。

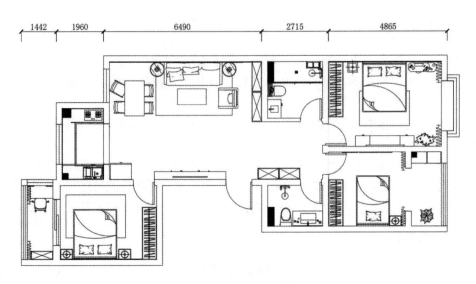

图 5-63　连续命令

步骤 3：将其他三面以同样的操作进行标注。如图 5-64 所示。

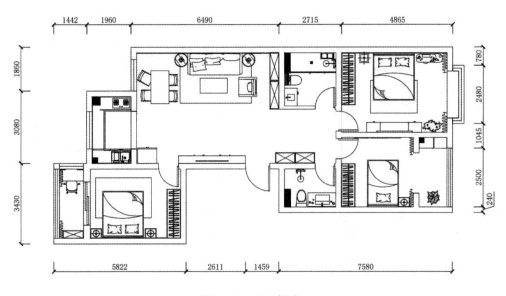

图 5-64　平面标注

步骤 4：标注台灯半径尺寸，执行【标注】-【半径】命令。点击左边最外层的圆。选择适合放文字的位置便可再次点击。效果如图 5-65 所示。

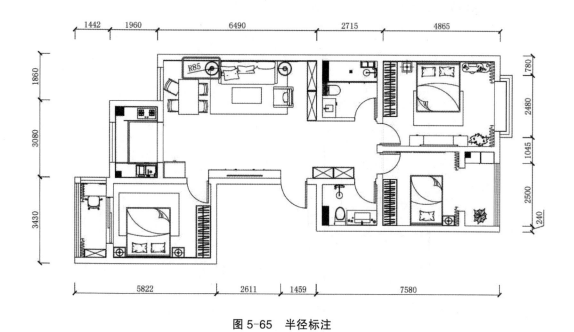

图 5-65　半径标注

【拓展练习】

1. 按图 5-66 中给定的尺寸 1:1 绘制下列图形并标注尺寸。

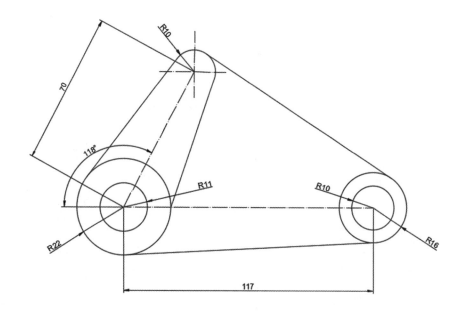

图 5-66　案例图形

2. 按图 5-67 中给定的尺寸 1:1 绘制下列图形，并标注尺寸。

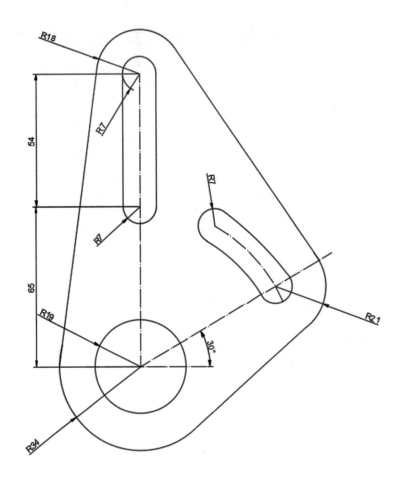

图 5-67　案例图形

项目六 图块、外部引用和设计中心

- 学会创建块、插入块。
- 熟悉块属性管理器。
- 了解外部参照和设计中心。
- 掌握特性与特性匹配。

【项目综述】

在绘制建筑图形的过程中常常需要使用一些常用的、内容相同的图形。在绘制图形文件时，有很多相同或相似的图形对象，可以将重复绘制的图形创建为块，然后在需要时插入即可。AutoCAD 设计中心可以高效地管理块、外部参照、光栅图像以及来自其他源文件或应用程序的内容。通过本项目学习，绘图者可以掌握图块、外部引用、设计中心的操作与使用等知识，有效提高绘图效率。

【任务简介】

1. 任务要求与效果展示

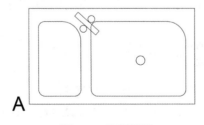

图 6-1 案例图形

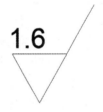

图 6-2 案例图形

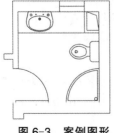

图 6-3 案例图形

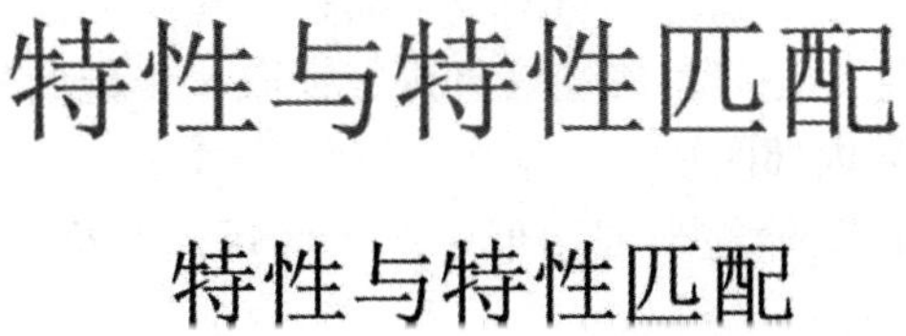

特性与特性匹配

特性与特性匹配

图 6-4 案例图形

2. 知识技能目标

掌握图块、外部引用、设计中心的操作与使用等知识，提高绘图效率。

【任务实施】

任务子模块 1
创建与编辑块

加快实施创新驱动发展战略。坚持面向世界科技前沿、面向经济主战场、面向国家重大需求、面向人民生命健康，加快实现高水平科技自立自强。以国家战略需求为导向，集聚力量进行原创性引领性科技攻关，坚决打赢关键核心技术攻坚战。加强基础研究，突出原创，鼓励自由探索。提升科技投入效能，激发创新活力。

块是一个或多个对象形成的对象集合，利用块可增加绘图的准确性，提高绘图速度。例如，建筑设计中的桌椅、门窗、衣柜等。块常用于绘制复杂、重复的图形。一旦插入了块，该块就永久性地插入当前图形中，成为当前图形的一部分。

【重点和难点】

掌握创建和编辑图块的方法。

掌握图块的插入。

一、图块的概述

块是一个或多个对象形成的对象集合。在绘制图形文件时，有很多相同或相似的图形对象，可以将重复绘制的图形创建为块，然后在需要时插入即可。块的使用有以下优点。

（1）建立图块图形库，可以快速使用图形。例如，建筑设计中的桌椅、门窗、衣柜等。可以将这些经常出现的图形定义成块，存储在图形库中，在需要时，直接将其插入图形文件中，可减少重复工作，提高绘图效率。

（2）便于修改图形。当在图形文件中修改或更新图块的定义时，图中对该块引用的地方均会自动更新，无须逐一修改，提高绘图效率。

（3）可以节省存储空间。当引用或插入多个对象形成的对象集合定义成的图块时，AutoCAD 只保留图块的名称、插入点坐标等特征参数信息，不保留组成图块的每一个对象的特征参数信息。插入的图块越复杂，次数越多，节省的存储空间越多。

（4）可以添加属性。图块属性是特定的可包含在块定义中的文字对象，由属性标记名和属性值两部分组成。它与图块存储在一起，可在插入图块时输入相关属性值，选择是否显示这些属性。还可对属性信息进行提取，传送到外部数据库中进行管理。

二、定义内部图块

内部图块只能在当前图形中插入应用。在插入时，基点作为基准点来确定插入块的位置。

调用命令的方式：

（1）工具栏：在【插入】选项卡中单击[图标]按钮。

（2）菜单栏：单击【绘图（D）】-【块（K）】-【创建（M）】。

（3）命令行：在命令行输入"BLOCK"或"B"。

执行该命令后，系统会弹出【块定义】面板，如图 6-5 所示。完成该面板的内容设置，点击【确定】按钮后可保存图块。

图 6-5　【块定义】面板

三、定义外部图块

将内部块存储或选择文件中的部分或全部实体存储。块的存储（写块）将保存为图形文件，可在外部文件中进行插入。

调用命令的方式：

命令行：在命令行输入"WBLOCK"或"W"。

执行该命令后，系统会弹出【写块】面板，如图 6-6 所示。完成该面板的内容设置，点击【确定】按钮后可保存图块。

图 6-6　【写块】面板

四、插入图块

将图块或已有的图形插入当前文件，大大减少了绘图者的工作量。

调用命令的方式：

（1）工具栏：在【插入】选项卡中单击 按钮。

（2）菜单栏：单击【插入（I）】-【块选项板（B）】。

（3）命令行：在命令行输入"INSERT"或"I"。

执行该命令后，系统会弹出【块】面板，如图 6-7 所示。插入图块时，可在选项区域指定插入点，设定块的比例和旋转角度等。

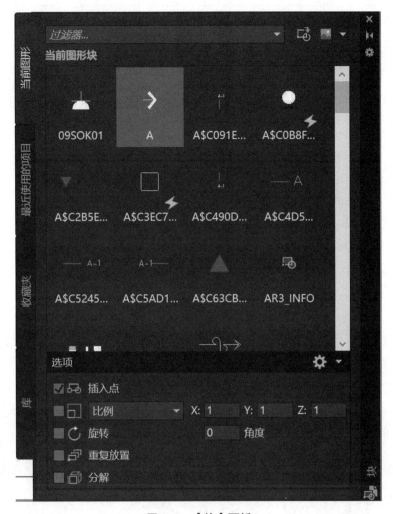

图 6-7 【块】面板

五、编辑图块

调用命令的方式：

（1）工具栏：在【插入】选项卡中单击 按钮。

（2）菜单栏：单击【工具（T）】-【块编辑器（B）】。

（3）命令行：在命令行输入"BEDIT"或"BE"。

（4）鼠标左键双击需要编辑的图块。

执行该命令后，系统会弹出【编辑块定义】面板，如图 6-8 所示。

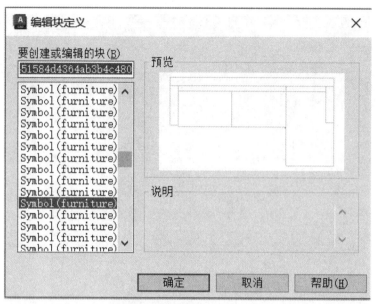

图 6-8　【编辑块定义】面板

　　在弹出的【编辑块定义】面板中选择要编辑的块后，单击【确定】，系统打开【块编辑器】，如图 6-9 所示，同时打开【块编写选项板】，如图 6-10 所示。绘图者可以在此界面绘制和编辑图形。

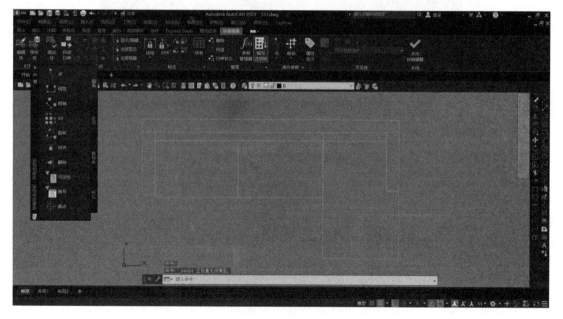

图 6-9　块编辑器

图 6-10　块编写选项板

编辑完成后，单击编辑器工具栏上【关闭块编辑器】按钮，系统会弹出询问提示面板，如图 6-11 所示，让绘图者做出选择。当更改保存时，插入图形中的所有块都会更新修改。

图 6-11　提示信息

任务子模块 2
编辑与管理块属性

中国人民和中华民族从近代以后的深重苦难走向伟大复兴的光明前景，从来就没有教科书，更没有现成答案。党的百年奋斗成功道路是党领导人民独立自主探索开辟出来的，马克思主义的中国篇章是中国共产党人依靠自身力量实践出来的，贯穿其中的一个基本点就是中国的问题必须从中国基本国情出发，由中国人自己来解答。

图块属性是附着在图块上的非图形信息，绘图者将所需要的文字信息加载到图块中，成为图块的一部分。带有属性的块在插入图形中时，会随属性的改变得到形状相同而属性不同的图例和符号。例如标高，标高符号不变，而标高值却不断变化。绘图者也可根据需要提取属性信息，编辑管理块属性。

【**重点和难点**】

掌握定义和编辑块属性的方法。

掌握块属性管理器。

一、定义块属性

块属性是图块的组成部分，是特定的可包含在块定义中的文字对象，由属性标记名和属性值两部分组成。定义块属性，是给图块增加一些必要的文字说明，可以增强图块的通用性。

调用命令的方式：

（1）菜单栏：单击【绘图（D）】-【块（K）】-【定义属性（D）】。

（2）命令行：在命令行输入"ATTDEF"或"ATT"。

执行该命令后，系统会弹出【属性定义】面板，如图 6-12 所示。绘图者可以利用此面板创建块属性。

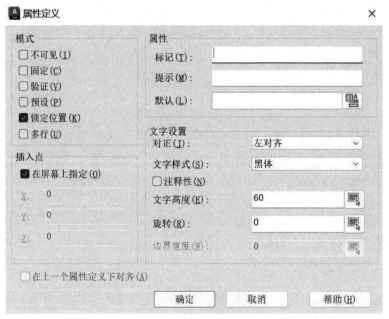

图 6-12 【属性定义】面板

二、编辑块属性

可以修改图块的属性值及字符特性。

调用命令的方式：

（1）工具栏：在【插入】选项卡中单击 **编辑属性** 按钮。

（2）菜单栏：单击【修改（M）】-【对象（O）】-【属性（A）】-【单个（S）】。

（3）命令行：在命令行输入"EATTEDIT"。

执行该命令，根据提示在绘图窗口选择块之后，系统会弹出【增强属性编辑器】面板，如图 6-13 所示。该面板列出选定的块中的属性，绘图者可以对每一个列出的属性进行特性修改。

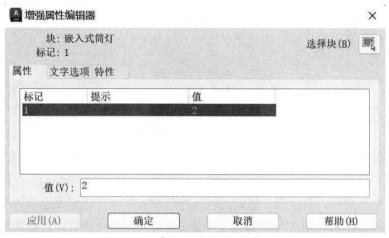

图 6-13 【增强属性编辑器】面板

三、块属性管理器

可以修改图块属性的默认值。编辑块属性（EATTEDIT）只能对块中的一个块参照进行修改。如果这个块发生改动，需要一一修改块参照，且容易出现错误。而块属性管理器（BATTMAN）不但可以管理块属性，还可以管理不附着属性的块。

调用命令的方式：

（1）工具栏：在【插入】选项卡中单击 按钮。

（2）菜单栏：单击【修改（M）】-【对象（O）】-【属性（A）】-【块属性管理器（B）】。

（3）命令行：在命令行输入"BATTMAN"。

执行该命令后，系统会弹出【块属性管理器】面板，如图 6-14 所示。该面板列出当前图形中的所有属性以及每个属性的特性，绘图者可以对每一个属性进行特性修改。

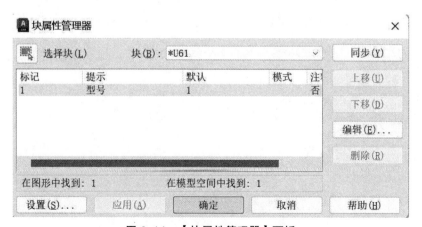

图 6-14 【块属性管理器】面板

任务子模块 3
外部参照

习近平总书记强调："社会是在矛盾运动中前进的，有矛盾就会有斗争。"纵观党的百年奋斗史，斗争精神始终是贯穿于中国革命、建设、改革各个时期的一条红线，是支撑我们党历经百年而风华正茂、饱经磨难而生生不息的强大动力。历史车轮滚滚向前，时代潮流浩浩荡荡。面对复杂多变的国际国内形势，我们只有准备付出更为艰巨、更为艰苦的努力，勇于进行具有许多新的历史特点的伟大斗争，才能依靠顽强斗争打开事业发展新天地。

外部参照是将一个图形文件附加到另一图形文件中，被附加图形文件信息并不直接加入主图形当中，主图形只是记录参照关系，附加的图形文件与主图形文件保留着"链接"关系，当附加的图形文件的底图被修改时，被附加到主图形中的图形文件也会改变。

使用外部参照能够实现项目的分工协同合作，提高绘图效率。例如，在建筑设计项目中，建筑专业绘制底图，其他专业将底图作为外部参照插入自己需要绘制的图形文件中，绘制相关专业设备。当底图被修改时，各专业图形文件中的底图会实时更新。

【重点和难点】

掌握外部参照的应用。

掌握编辑外部参照。

一、附着外部参照

1. 调用命令的方式

（1）工具栏：在【插入】选项卡中单击■■按钮。

（2）菜单栏：单击【插入（I）】-【DWG 参照（R）】。

（3）命令行：在命令行输入"XATTACH"或"XA"。

执行该命令后，系统会弹出【选择参照文件】对话框，如图 6-15 所示。绘图者在该对话框中选择需要的外部参照图形文件，然后点击【打开】按钮。

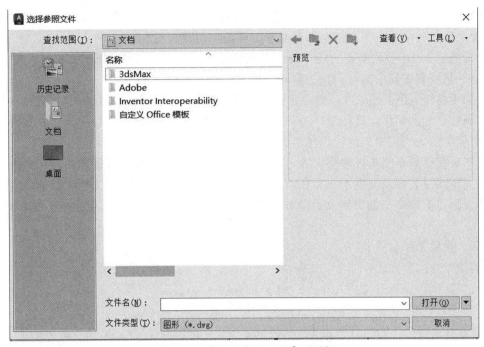

图 6-15　【选择参照文件】对话框

随后，系统弹出【附着外部参照】对话框，如图 6-16 所示。绘图者在该对话框中设置参照类型、比例等参数，设置完成后，点击【确定】按钮。

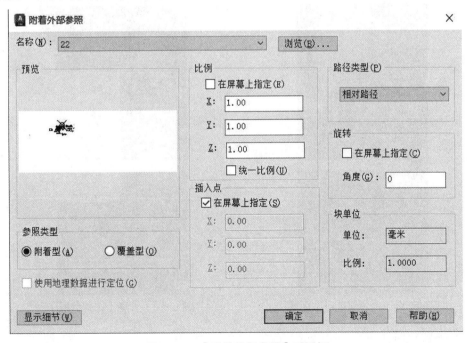

图 6-16　【附着外部参照】对话框

2. 选项说明

(1)【参照类型】选项区：用于指定外部参照是附着型还是覆盖型。

【附着型】当需要附着在主图形的文件嵌套着其他附着型的参照图形文件时，该参照文件以及附着在其中的参照图形文件都会在主图形中可见。

【覆盖型】当需要附着在主图形的文件嵌套着其他覆盖型的参照图形文件时，该文件会被忽略，且嵌套在其中的覆盖型的参照图形文件也不会被显示。

（2）【路径类型】选项区：选择完整（绝对）路径、外部参照文件的相对路径或"无路径"、外部参照的名称。需注意，外部参照文件必须与当前图形文件位于同一个文件夹中。默认路径类型为"相对"路径。使用 REFPATHTYPE 系统变量更改默认路径类型。

【相对路径】参照与被参照文件之间的相对位置不改变，就可以被参照。

【完整路径】参照文件不能有任何移动，否则会提示找不到参照文件。

【无路径】参照与被参照文件需要同时在一个文件夹内部，否则也会提示找不到参照文件。

二、管理外部参照

调用命令的方式：

（1）菜单栏：单击【插入（I）】-【外部参照（N）】。

（2）命令行：在命令行输入"XREF"或"XR"。

执行该命令后，系统会弹出【外部参照】面板，如图 6-17 所示。在该面板的文件列表中，选择需要管理的外部参照文件，右击鼠标，在弹出的快捷菜单中进行打开、附着、卸载等操作，如图 6-18 所示。该命令也可以附着和管理参照图形、附着的 DWF 参考底图和输入的光栅图像。

图 6-17　【外部参照】面板　　　　图 6-18　管理【外部参照】

三、编辑外部参照

1. 调用命令的方式

（1）工具栏：在【插入】选项卡中单击 █编辑参照 按钮。

（2）菜单栏：单击【工具（T）】-【外部参照和块在位编辑】-【在位编辑参照（E）】。

（3）命令行：在命令行输入"REFEDIT"。

执行该命令后，选择参照对象，系统会弹出【参照编辑】面板，如图6-19所示。在该面板中完成相关设置后，点击【确定】按钮，就可对需要编辑的外部参照图形进行编辑。

图6-19　【参照编辑】面板

2. 编辑外部参照的操作步骤

步骤1：在命令行中输入"REFEDIT"，选择参照对象，系统弹出【参照编辑】面板。

步骤2：在该面板中完成相关设定，点击【确定】按钮。

步骤3：系统进入【参照编辑】界面，如图6-20所示，根据要求进行修改。

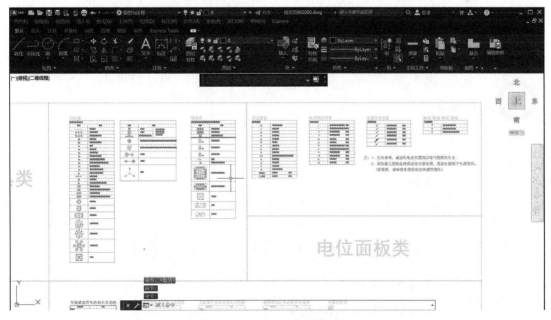

图6-20　【参照编辑】界面

步骤4：编辑修改完成后，点击功能区【插入】选项卡中【编辑参照】面板上的【保存修改】按钮。

步骤5：在弹出的提示框中，点击【确定】按钮，如图 6-21 所示。

图 6-21　提示对话框

任务子模块 4
使用 AutoCAD 设计中心

工程的发展与人类的命运紧密相连，伴随着人类大规模改造自然的工程行为，不可避免地涉及人与人、人与社会、人与自然的关系。人类不同的价值追求、不同利益诉求也会导致人们在工程行为选择上的困境与冲突，从而引起人们对意义和正当性的反思。即人类的工程活动不仅仅是一种社会实验，也是关涉人与自然和社会的伦理活动。

AutoCAD 系统的设计中心，可以浏览、查找、预览和管理图块、外部参照、光栅图像以及来自其他源文件或应用程序的内容，还可将计算机、局域网或互联网上的图块、图层、外部参照等图形内容复制并粘贴到当前绘图文件中。

在同时打开的多个图形文件中，也可将图形复制并粘贴到需要的地方。所以，AutoCAD设计中心可使资源再利用和共享，显著提高了图形管理和图形设计的效率。

【重点和难点】

了解设计中心的面板。

掌握设计中心的使用方法。

一、设计中心面板

设计中心面板可以浏览、查找、预览和管理图形。

1. 打开【设计中心】面板的方式

（1）菜单栏：单击【工具（T）】-【选项板】-【设计中心（D）】。

（2）工具栏：在【视图】选项卡中单击 按钮。

（3）命令行：在命令行输入"ADCENTER"或"ADC"。

（4）按 Ctrl+2 组合键。

执行该命令后，系统会弹出【设计中心】面板，如图 6-22 所示。

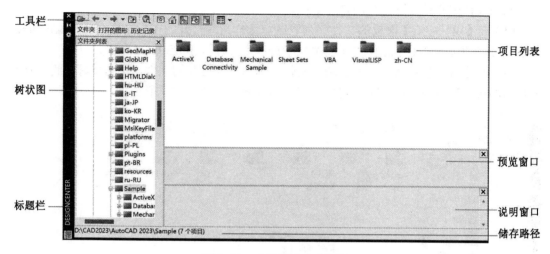

图 6-22 【设计中心】面板

2. 选项说明

（1）【文件夹】选项卡：显示计算机或网络驱动器中文件和文件夹的层次结构。

（2）【打开的图形】选项卡：显示当前工作任务中打开的所有图形，包括最小化的图形。

（3）【历史记录】选项卡：显示最近在设计中心打开的文件列表。

二、利用设计中心查找内容

在【设计中心】面板的工具栏中，点击  按钮，系统会弹出【搜索】对话框，如图 6-23 所示。在对话框中输入相关信息，结果显示在搜索结果列表中。

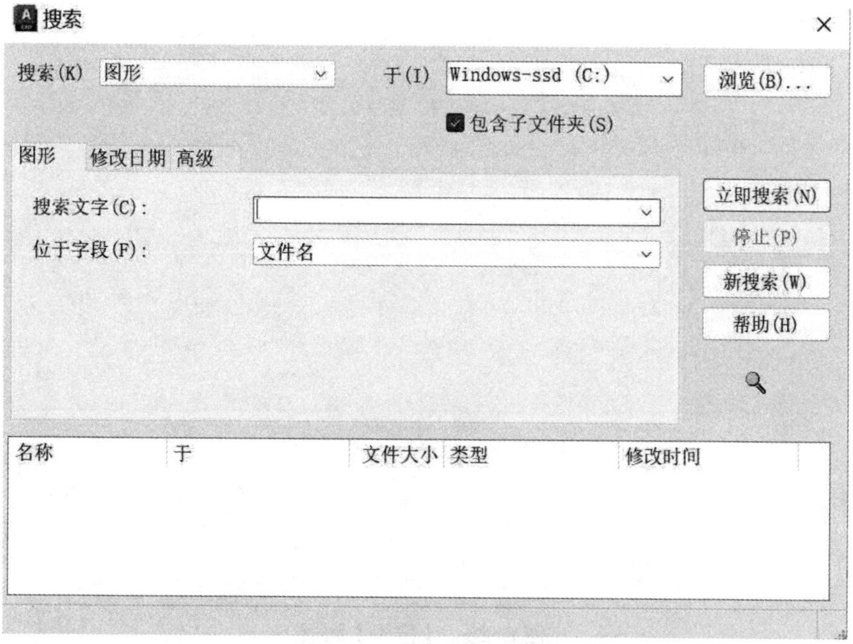

图 6-23 【搜索】对话框

三、利用设计中心打开图形

利用设计中心打开图形有两种方法：

（1）在【设计中心】面板的文件夹列表区域选择需要打开的图形文件，单击鼠标右键，在系统弹出的快捷菜单中选择"在应用程序窗口中打开"，如图 6-24 所示。

（2）在【搜索】对话框中搜索项目文件，选择需要打开的文件，单击鼠标右键，在系统弹出的快捷菜单中选择"在应用程序窗口中打开"，如图 6-25 所示。

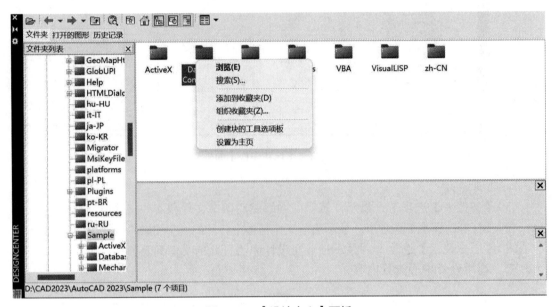

图 6-24　【设计中心】面板

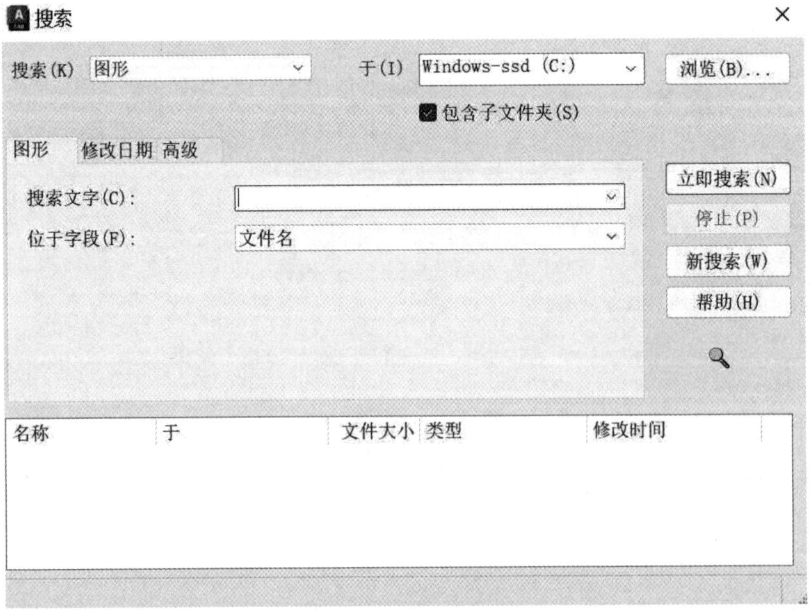

图 6-25　【搜索】面板

四、利用设计中心插入图块

利用设计中心插入图块有两种方法：

（1）在项目列表区域选择需要插入的图块，按住鼠标左键，将其拖入打开的图形文件中，松开鼠标，根据命令行提示依次进行，如图 6-26 所示。

图 6-26　命令行提示

（2）在项目列表区域选择需要插入的图块，单击鼠标右键，在系统弹出的快捷菜单中选择【插入为块】，系统弹出【插入】对话框，如图 6-27 所示，根据需求设置具体参数，在参数设置完成后，点击【确定】按钮。

图 6-27　【插入】对话框

任务子模块 5
特性与特性匹配

防范化解风险挑战，要保持时时放心不下的精神状态和责任担当，始终做好应对最坏情况的准备，不信邪、不怕鬼、不怕压，知难而进、迎难而上，统筹发展和安全，全力战胜前进道路上各种困难和挑战。要加强斗争精神和斗争本领养成，着力增强防风险、迎挑战、抗打压能力，主动识变应变求变，主动防范化解风险，依靠顽强斗争打开事业发展新天地。

对象的特性有基本特性和几何特性两种。基本特性包括颜色、图层、线型和打印样式等。几何特性包括对象的几何尺寸和空间位置坐标。在【特性】面板中，绘图者可查看和修改对象的某些特性。当选择单个对象时，显示的是该对象的特性，当选择多个对象时，显示的是它们的共有特性。

特性匹配的功能类似于"格式刷"功能，将源对象的特性匹配到目标对象去。在进行特性匹配时，只能匹配目标对象和源对象之间的公共特性。例如，文字对象的特性匹配，文字内容不变，文字的大小、文字样式、文字颜色等属性改变，与其特性匹配的源对象一致。

【重点和难点】

了解对象特性的内容。

掌握特性匹配的运用。

一、特性

调用命令的方式：

（1）工具栏：在【视图】选项卡中单击■按钮。

（2）菜单栏：单击【修改（M）】-【特性（P）】。

（3）组合键：CTRL+1。

执行该命令后，系统会弹出【特性】面板，如图 6-28 所示。绘图者可在面板中更改对象的特性。

图 6-28　【特性】面板

二、特性匹配

将选定对象的特性匹配到其他对象。

1. 调用命令的方式：

（1）工具栏：在【标准】工具栏单击■按钮。

（2）菜单栏：单击【修改（M）】-【特性匹配（M）】。

（3）命令行：在命令行输入"MATCHPROP"或"MA"。

2. 命令操作步骤

```
命令：MA
MATCHPROP
选择源对象：
当前活动设置：颜色 图层 线型 线型比例 线宽 透明度 厚度 打印样式 标注 文字 图
案填充 多段线 视口 表格 材质 多重引线 中心对象
选择目标对象或[设置(S)]：
目标对象的注释性特性已更改
```

3. 选项说明

（1）选择源对象：指定要从中复制特性的对象。

（2）选择目标对象：指定要将源对象的特性复制到其上的对象。

（3）设置（S）：当选择【设置（S）】选项时，系统弹出【特性设置】对话框，如图6-29所示，从中可以控制要将哪些对象特性复制到目标对象。默认情况下，选定所有对象特性进行复制。

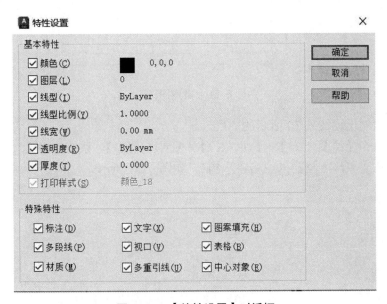

图6-29　【特性设置】对话框

【任务小结】

1. 内部块将块保存在当前图形文件中，可以在当前图形文件中自由使用。外部块将块以单独的图形文件存储，可以在所有的图形文件中共同使用。

2. 块属性管理器用于修改预定义属性的相关属性，偏向全局。增强属性编辑器则用于修改指定块的值或相关属性，不能用于全局。

3. 外部参照与图块的区别：

图块一旦被插入当前图形文件中，该块就成为当前图形文件的一部分，不会随原来图块文件的改变而改变。

以外部参照方式将图形插入某一图形文件（主图形）后，被插入图形文件的信息并不直接加入主图形中，主图形只是记录参照的关系。

4. AutoCAD 设计中心可以高效地管理块、外部参照、光栅图像以及来自其他源文件或应用程序的内容，是一个直观且高效的工具，可以显著提高制图效率。

5. 通常情况下，使用"特性匹配"将复制对象的所有特性。当对象某些特性我们不想复制，在选择完"源对象"之后，可以在命令行输入 S，激活"设置"选项，在【特性设置】对话框中，将该特性前面的对钩去掉。

【实训演练】

1. 将如图 6-30 所示图形创建成块。

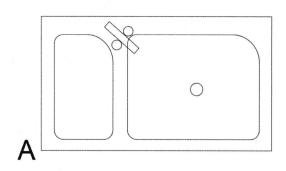

图 6-30　案例图形

步骤 1：绘制出如图 6-30 所示的图形。

步骤 2：单击【绘图（D）】-【块（K）】-【创建（M）】，系统弹出【块定义】面板。

步骤 3：在"名称"框输入块名"水槽"，如图 6-31 所示。

图 6-31　【块定义】面板

步骤4：在"对象"区域单击【选择对象】按钮，选中要创建成块的多个单个对象，如图6-32所示。

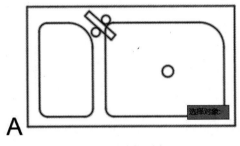

图6-32 选择对象

步骤5：在"基点"区域单击【拾取点】按钮，将左下角A点作为图块插入点，如图6-33所示。

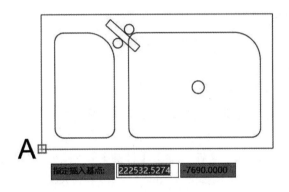

图6-33 指定基点

步骤6：在"设置"区域中，将块单位设置成毫米，如图6-34所示。

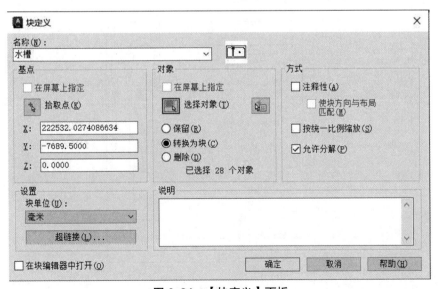

图6-34 【块定义】面板

步骤 7：设置完成后，单击【确定】按钮，完成块定义。

2. 使用图 6-35 所示的图形创建一个新图形，最终效果如图 6-36 所示。图 6-35 里的文件分别是"房间""洗手台""马桶"和"淋浴房"。

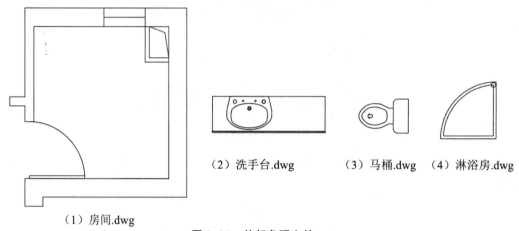

（2）洗手台.dwg　　　　（3）马桶.dwg　　（4）淋浴房.dwg

（1）房间.dwg

图 6-35　外部参照文件

步骤 1：单击 按钮，新建空白文件。

步骤 2：在菜单栏单击【插入（I）】-【DWG 参照（R）】，系统弹出【选择参照文件】对话框。

步骤 3：找到"房间.dwg"文件，单击【打开】按钮。

步骤 4：系统弹出【附着外部参照】对话框，在参照类型区域选择"附着型（A）"，单击【确定】按钮，将外部参照"房间.dwg"插入当前文件中。

步骤 5：重复步骤 2-4 的过程，将"洗手台""马桶"和"淋浴房"分别插入文件中，并摆放在合理位置，最终效果如图 6-36 所示。

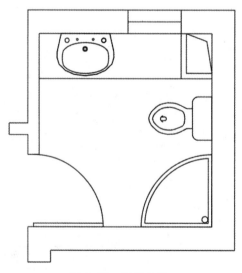

图 6-36　最终效果

3. 匹配文字"a"与文字"b"的属性，如图 6-37 所示。

特性与特性匹配
a

特性与特性匹配
b

图 6-37 案例图形

步骤 1：在菜单栏单击【修改（M）】-【特性匹配（M）】。
步骤 2：选择源对象文字"a"。
步骤 3：选择目标对象文字"b"。

【拓展练习】

1. 将图 6-38 所示的图形创建成为外部图块，然后插入创建的图块，插入比例为 2，旋转角度为 30°。

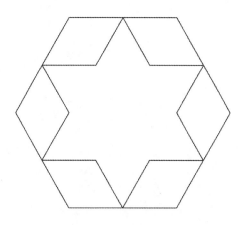

图 6-38 案例图形

2. 新建一个图形文件，打开【设计中心】窗口，在【设计中心】面板中找到文件"书桌.dwg"插入当前文件，分解插入的图块，然后将图中的"书桌"图转化为块并保存起来，结果如图 6-39 所示。

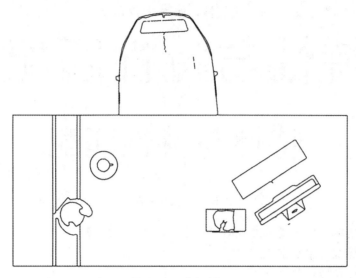

图 6-39　案例图形

项目七　图形输出

【学习目标】

● 学会使用绘图仪管理器。
● 选择适当的图纸幅面和设定打印区域等参数设置。
● 掌握编辑与管理页面设置的方法。

【项目综述】

图形输出是计算机绘图的最后一个环节，对于施工图而言，其输出对象主要是打印机，打印输出的图纸将成为施工人员施工的主要依据。本项目主要介绍打印参数设置、页面设置管理、绘图仪管理器、图纸设置管理等内容，帮助用户正确设置打印参数，进行图形输出。

【任务简介】

1. 任务要求与效果展示

打印住宅图纸并保存或调用其页面设置。如图 7-1、图 7-2 所示。

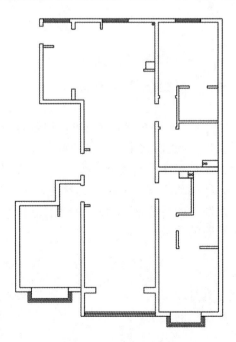

图 7-1　打印住宅图纸

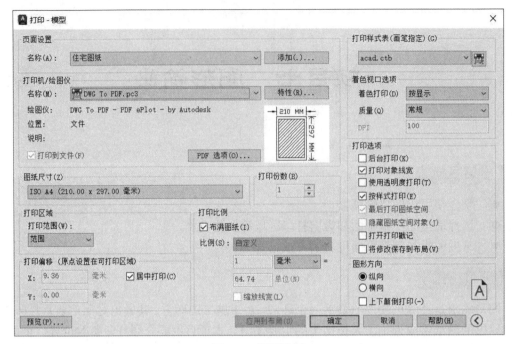

图 7-2　页面设置

2. 知识技能目标

学会调整打印位置与方向和设定打印比例。

学会保存与调用页面设置。

【任务实施】

任务子模块 1
绘图仪管理器

习近平总书记强调，全党同志要始终做到谦虚谨慎、艰苦奋斗、实事求是、一心为民，继续把人民对我们党的"考试"、把我们党正在经受和将要经受各种考验的"考试"考好，使我们的党永远不变质、我们的红色江山永远不变色。

绘图仪管理器用来管理打印驱动或安装 CAD 的内置驱动，内置驱动包括打印机驱动和光栅图像虚拟打印驱动。绘图仪的设置是 AutoCAD 绘图中的重要功能，只有进行正确的设置，最终打印才能显示正确的图纸。

【重点和难点】

创建和修改绘图仪配置，为打印做准备。

设置绘图仪图幅的大小和图纸的类型。

一、绘图仪管理器

常用的使用绘图仪管理器的方法有以下两种。

1. 执行【文件】-【绘图仪管理器】命令，如图 7-3 所示。

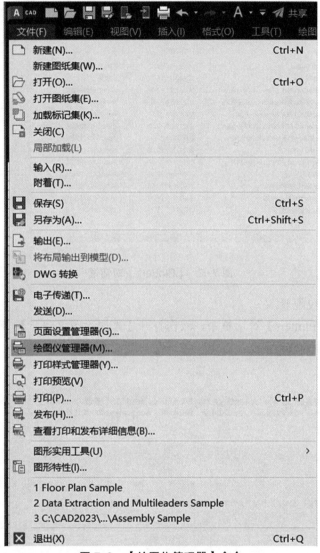

图 7-3　【绘图仪管理器】命令

2. 在命令行中输入"PLOTTERMANAGER"，如图 7-4 所示。

图 7-4　命令行输入 PLOTTERMANAGER 命令

执行这些操作后，将弹出【Plotters】对话框，如图 7-5 所示。该对话框可以创建和修改绘图仪配置。

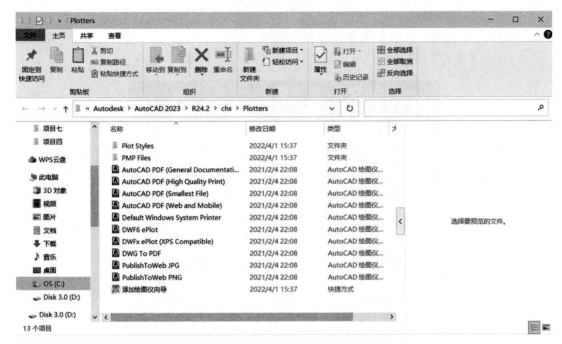

图 7-5 【Plotters】对话框

二、创建绘图仪配置

1. 在弹出的【Plotters】对话框中，双击打开【添加绘图仪向导】，弹出【添加绘图仪-简介】对话框，如图 7-6 所示。

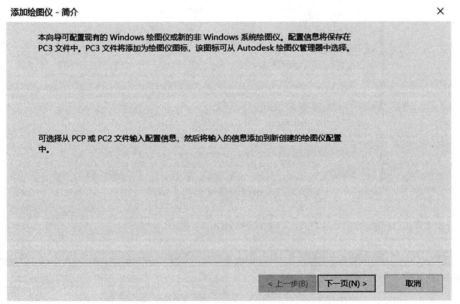

图 7-6 【添加绘图仪-简介】对话框

2. 单击【下一页】按钮，弹出【添加绘图仪-开始】对话框，如图 7-7 所示，选择需要配置的绘图仪。

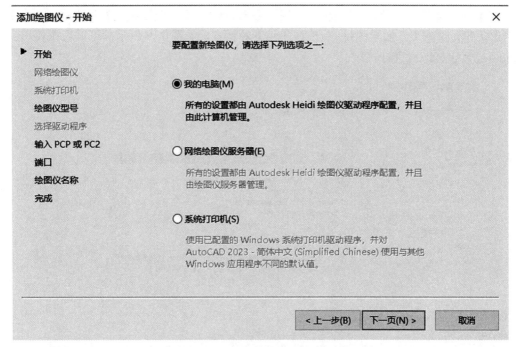

图 7-7 【添加绘图仪-开始】对话框

3. 在此对话框中，选择【我的电脑】复选框，单击【下一页】按钮，弹出【添加绘图仪-绘图仪型号】对话框，如图 7-8 所示，选择需要配置的绘图仪。

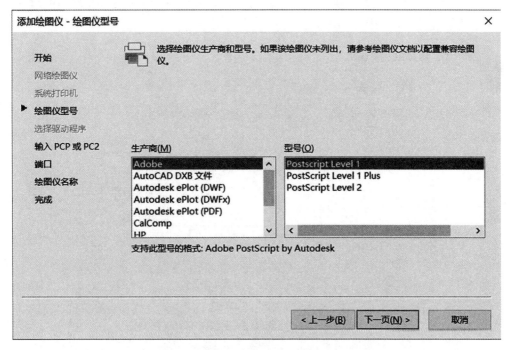

图 7-8 【添加绘图仪-绘图仪型号】对话框

在【添加绘图仪-开始】对话框中，用户还可以选择【系统打印机】复选框，单击【下一页】按钮，弹出【添加绘图仪-系统打印机】对话框，如图 7-9 所示，可以直接使用当前Windows 系统打印机进行打印。

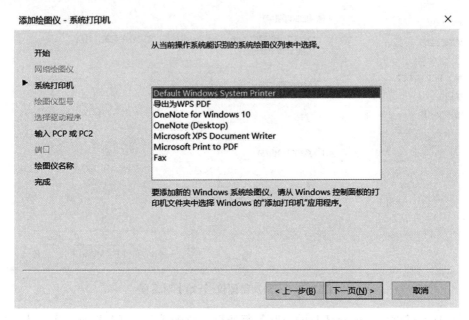

图 7-9　【添加绘图仪-系统打印机】对话框

4. 选择合适的绘图仪后，执行【文件】-【页面设置管理器】命令，在弹出的对话框中单击【修改】复选框，如图 7-10 所示。

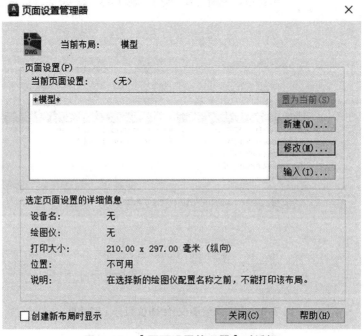

图 7-10　【页面设置管理器】对话框

5. 在弹出的【页面设置-模型】对话框中单击【特性】复选框，如图 7-11 所示。

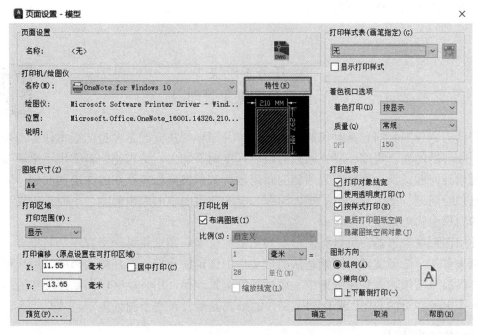

图 7-11　【页面设置-模型】对话框

6. 在弹出的【绘图仪配置编辑器】复选框中修改所需的设置，主要对绘图仪图幅的大小和图纸的类型进行设置。修改完成后，单击【确定】按钮。如图 7-12 所示。

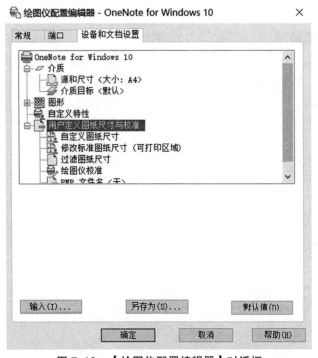

图 7-12　【绘图仪配置编辑器】对话框

7. 返回上一级对话框，单击【确定】按钮，退回【页面设置管理器】对话框，单击【关闭】按钮。绘图仪管理器设置完成。

<h1 style="text-align:center">任务子模块 2
图纸及图纸集管理器</h1>

坚持问题导向。问题是时代的声音，回答并指导解决问题是理论的根本任务。今天我们所面临问题的复杂程度、解决问题的艰巨程度明显加大，给理论创新提出了全新要求。我们要增强问题意识，聚焦实践遇到的新问题、改革发展稳定存在的深层次问题、人民群众急难愁盼问题、国际变局中的重大问题、党的建设面临的突出问题，不断提出真正解决问题的新理念新思路新办法。

使用图纸集管理器，可以将图形作为图纸集管理。图纸集是一个有序命名集合，其中的图纸来自几个图形文件。图纸是从图形文件中选定的布局，在任意图形中，用户可以将布局作为编号图纸输入到图纸集中。通过图纸集管理器，用户能够以图纸图形集的形式或者以单个电子多页的 DWF 或 DWFx 文件的形式轻松发布整个图纸集。

【重点和难点】

创建和修改图纸并合并创建图纸集。

区别图纸和图纸集的概念。

【任务实施】

一、图纸集管理器

图纸集是几个图形文件中图纸的有序集合，图纸是从图形文件中选定的布局。

执行【工具】-【选项板】-【图纸集管理器】命令，即可打开【图纸集管理器】对话框，如图 7-13 所示。

图 7-13 【图纸集管理器】对话框

在图纸集管理器中，可使用以下选项卡和控件。

（1）【图纸集】控件：列出了用于创建新图纸集、打开现有图纸集或在打开图纸集之间切换菜单选项。

（2）【图纸列表】选项卡：显示了图纸集中所有图纸的有序列表。

（3）【图纸视图】选项卡：显示了图纸集中所有图纸视图的有序列表。

（4）【模型视图】选项卡：列出了一些图形的路径和文件夹名称，这些图形包含要在图纸集中使用的模型空间视图。

（5）按钮：为当前选项卡的常用操作提供方便的访问途径。

（6）树状图：显示选项卡的内容。

二、创建图纸集

可以使用【创建图纸集】向导来创建图纸集。在向导中既可以基于现有图形从头开始创建图纸集，也可以使用图纸及样例作为样板进行创建。指定的图纸文件的布局将输入图纸集中。在使用【创建图纸集】向导创建新的图纸集时，将创建新的文件夹作为图纸集的默认存储位置。

【创建图纸集】向导包含系列页面，这些页面可以一步步地引导用户完成创建新图纸集的过程，可以选择从现有图形创建新的图纸集，或者使用现有的图纸集作为样本，并基于该图纸集创建累计的新图纸集，具体操作如下：

1. 在【图纸集管理器】对话框中，在【打开】的下拉列表中选择【新建图纸集】选项，弹出【创建图纸集-开始】对话框，如图 7-14 所示。

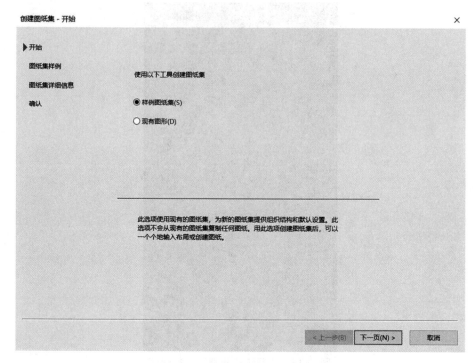

图 7-14 【创建图纸集-开始】对话框

2. 单击【样例图纸集】复选框，单击【下一页】按钮，弹出【创建图纸集-图纸集样例】对话框，样例图纸集的新图纸集将继承默认设置，选择其中一个来创建新图纸集的设置，如图 7-15 所示。

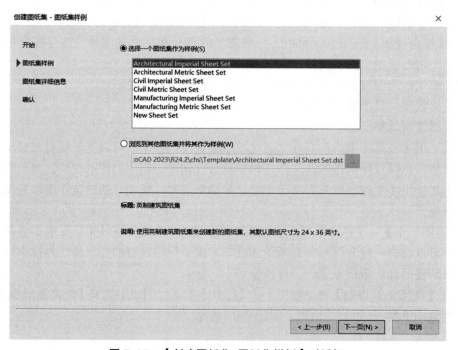

图 7-15 【创建图纸集-图纸集样例】对话框

3. 完成设置后，单击【下一页】按钮，弹出【创建图纸集-图纸集详细信息】对话框，然后进行详细设置，如图 7-16 所示。

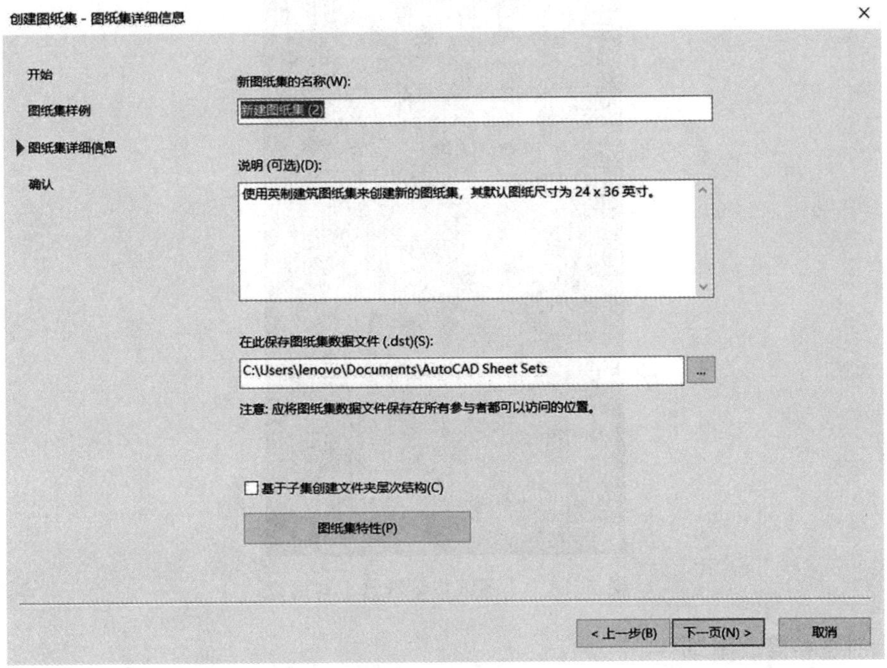

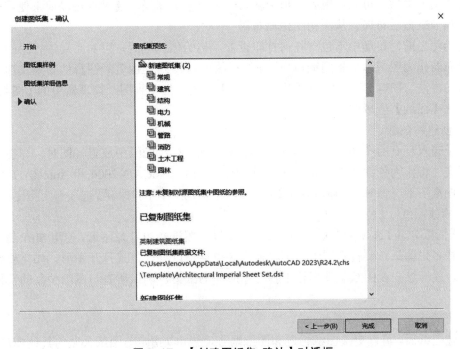

图 7-16　【创建图纸集-图纸集详细信息】对话框

4. 单击【下一页】按钮，弹出【创建图纸集-确认】对话框进行设置，如图 7-17 所示，结束后单击【完成】按钮，返回【图纸集管理器】对话框，如图 7-18 所示。

图 7-17　【创建图纸集-确认】对话框

图 7-18 　【图纸集管理器】对话框

三、创建和修改图纸

图纸集管理器中有多个用于创建图纸和添加视图的选项，这些选项可通过快捷菜单或选项卡按钮进行访问。需注意，用户应始终在打开的图纸集中修改图纸。

1. 将布局作为图纸输入

创建图纸集后，可以从现有图形中输入一个或多个布局。通过单击以前未使用的【布局】选项卡来激活布局，从而初始化该布局。

初始化之前，布局中不包含任何打印设置。初始化完成后，可对布局进行绘制、发布以及将布局作为图纸添加到图纸集中（在保存图形后）。这是由若干图形的布局快速创建多个图纸的方法。在当前图形中，可以将【布局】选项卡拖动到图纸管理器中的【图纸列表】选项卡的【图纸】区域中。

2. 创建新图纸

除了输入现有的布局之外，还可以创建新图纸。在此图纸中放置视图时，与视图关联的图形文件将作为外部参考附着到图纸图形上。使用 AutoCAD 2004 和 AutoCAD 2007 格式创建图纸图形文件时，具体取决于【选项】对话框的【打开和保存】选项卡上指定的格式。

3. 修改图纸

在【图纸列表】选项卡上双击某一张图纸，以从图纸集中打开图形。使用 Shift 键或 Ctrl 键可选择多张图纸。要查看图纸，可以使用快捷菜单以只读方式打开图形。如果要修改某张图纸，就应该先在图纸集管理器中打开相应的图纸集，确保所有与图纸关联的数据均被更新。

4. 重命名并重新编号图纸

创建图纸后，可以更改图纸标题和图纸编号，也可以指定与图纸关联的其他图形文件。

如果更改布局名称，则图纸集中相应的图纸标题也将更新。

5. 从图纸集中删除图纸

从图纸集中删除图纸将断开该图纸与图纸集的关联，但并不会删除图形文件或布局。

6. 重新关联图纸

如果将某个图纸移动到了另一个文件夹，应使用【图纸特性】对话框更正路径，将该图纸重新关联到图纸集。对于任何已重新定位的图纸图形，将在【图纸特性】对话框中显示【需要的布局】和【找到的布局】的路径。要重新关联图纸，可在【需要的布局】中单击路径，然后单击以定位到图纸的新位置。

通过观察【图纸列表】选项卡底部的【详细信息】，可以快速确认图纸是否位于预设的文件夹中。如果选定的图纸不在预设的位置，则【详细信息】中将同时显示【预设的位置】和【找到的位置】的路径信息。

7. 向图纸添加视图

从【模型视图】选项卡，通过向当前图纸中放入命名模型空间视图或整个图形，即可轻松地向图纸中添加视图。

8. 向视图添加标签块

使用图纸集管理器，可以在放置视图和局部视图的同时自动添加标签。标签中包含与参照视图相关联的数据。

9. 向视图添加标注块

标注块是术语，指参照其他图纸的符号。标注块有许多行业特有的名称，例如参照标签、关键细节、细节标记、建筑截面关键信息等。标注块中包含与所参照的图纸和视图相关联的数据。

10. 创建标题图纸和内容表格

通常将图纸集中的第一张图纸作为标题图纸，其中包括图纸集说明和一个列出了图纸集中所有图纸的表。可以在打开的图纸中创建此表格，该表格称作图纸列表表格。该表格中自动包含图纸集中的所有图纸。只有在打开图纸时，才能使用图纸集集层快捷菜单创建图纸列表表格。创建图纸一览表之后，还可以编辑、更新或删除该表中的单元内容。

任务子模块 3
打印参数设置

牢牢把握正确导向，要加强对热点敏感问题的阐释引导，全面客观、严谨稳妥，解疑释惑、疏导情绪，最大限度凝聚社会共识。要落实意识形态工作责任制，按照谁主管谁负责和属地管理原则，切实加强对各类宣传文化阵地的管理，防止错误思想言论和有害信息传播。

本模块主要讲解在 AutoCAD 中，用户可使用内部打印机或 Windows 系统打印机输出图形，并能方便地修改打印机设置及其他打印参数。

【重点和难点】

熟悉【打印】工具的执行方式以及打印参数的调整。

一、打印界面

打开【打印-模型】对话框的方式：

（1）输入命令："PLOT"；快捷键：Ctrl+P。

（2）在快速访问工具栏中点击【打印】按钮 🖨。如图 7-19 所示。

图 7-19　打印按钮

（3）菜单栏中执行【文件】-【打印】命令。

（4）在工具栏中点击【输出】工具面板中的【打印】🖨按钮。

执行该命令后，系统会弹出【打印-模型】对话框，如图 7-20 所示。用户在这个对话框里可以根据需求选择打印设备及设置打印样式，也能设置图纸尺寸和打印区域等参数。下面详细讲解如何设置各个参数。

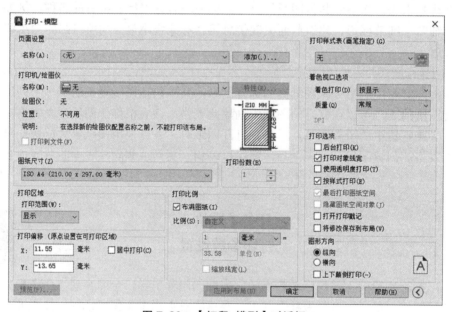

图 7-20　【打印-模型】对话框

二、页面设置

页面设置可以对打印输出的外观及格式进行设置，并将这些设置应用到其他布局中。

【页面设置】下拉列表显示已存在的页面设置，可以选择里面的设置作为当前页面设置，也可以自行添加。点击【添加】后会弹出【添加页面设置】对话框。设置好新页面名称后，点击【确定】按钮即可。如图 7-21 所示。

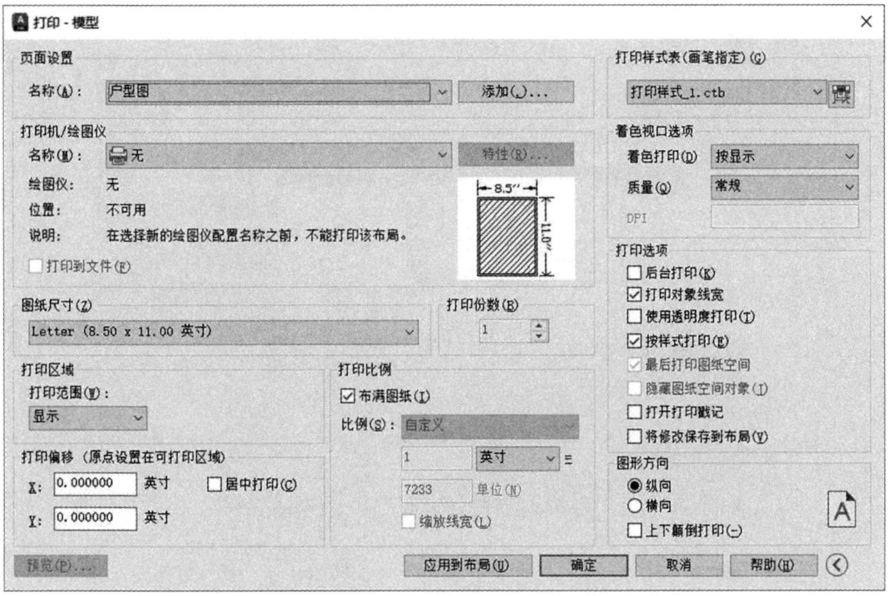

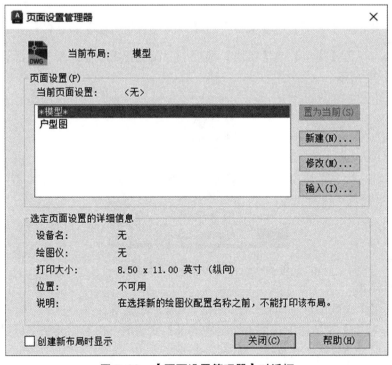

图 7-21 【页面设置】复选框

同样也可以在【页面设置管理器】对话框中新建，如图 7-22 所示。也可对已有的页面设置执行修改、输入以及删除等命令，选中一个已存在的页面设置并点击鼠标右键便可以执行如图 7-23 所示的操作。

图 7-22 【页面设置管理器】对话框

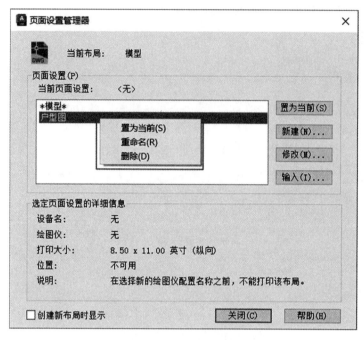

图 7-23　设置【页面设置】

打开【页面设置管理器】对话框的方式：

（1）输入命令："PAGESETUP"。

（2）菜单栏中执行【文件】-【页面设置管理器】命令。

（3）在工具栏的【输出】选项卡中点击【页面设置管理器】按钮 。

（4）右击左下角【模型】或【布局】选项卡，在快捷菜单中选择【页面设置管理器】命令。如图 7-24 所示。

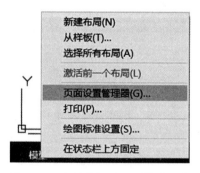

图 7-24　选择【页面设置管理器】

三、打印样式

打印样式用于修改图形打印输出的颜色、线型、线宽等。

在【打印-模型】对话框中找到【打印样式表】复选框，在下拉列表中可以选择需要的打印样式，也可以新建或上传样式，如图 7-25 所示。

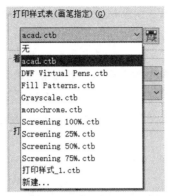

图 7-25　【打印样式表】复选框

AutoCAD 中有以下 2 种类型的打印样式表。

（1）颜色相关打印样式表：在打印前，先根据所画的图形对象的颜色，设置使用该颜色的所有图形的打印线宽、线型和打印颜色。颜色相关打印样式表以".ctb"为文件扩展名保存。

注意：在改变有关颜色的样式时，图层颜色不可以在"真彩色"自定义，因为在打印样式中不显示自定义颜色。只可以设置"索引颜色"中的 255 种颜色。

（2）命名打印样式表：命名相关打印样式表是以".stb"为文件扩展名保存的。

选择打印样式后，认为不合适可点击【编辑】按钮，打开【打印样式表编辑器】对话框，在已选样式的基础上进行修改。如图 7-26 所示。

图 7-26　【打印样式表编辑器】复选框

　　新建的图形打印样式是处于"颜色相关"模式还是"命名相关"模式，这和新建文件选择的样板有关。若采用无样板方式新建图形，则可事先设定新图形的打印样式模式。方法如下：

　　步骤一：命令行输入"OPTIONS"命令（快捷键 OP），打开【选项】对话框。

　　步骤二：选择【打印和发布】选项卡，如图 7-27 所示，单击【打印样式表设置】按钮，打开【打印样式表设置】复选框，如图 7-28 所示，通过该对话框设置新图形的默认打印样式模式。

图 7-27　【打印和发布】选项卡

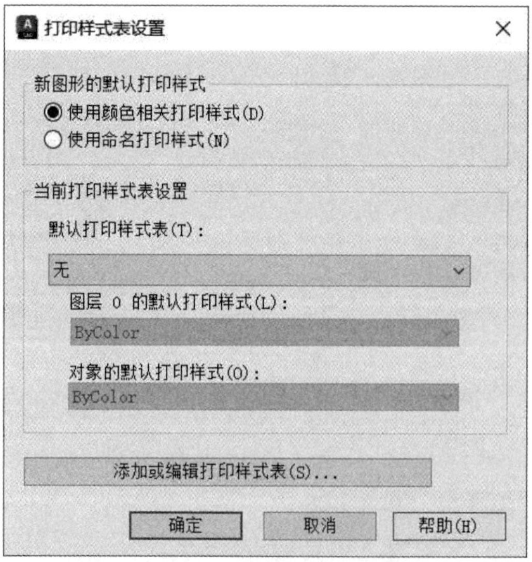

图 7-28　【打印样式表设置】复选框

四、选择打印设备

打印机和绘图仪是常见的打印设备。在输出图样时，首先需添加和配置要使用的打印设备。

在【打印机/绘图仪】的【名称】下拉列表中，用户可选择 Windows 系统打印机或 AutoCAD 内部打印机作为输出设备。当用户选择好打印设备后，【名称】栏中会显示被选中设备的名称，下方会出现有关打印设备的信息，如图 7-29 所示。如果用户想修改当前打印机设置，可单击【特性】按钮，打开【绘图仪配置编辑器】对话框进行调整。

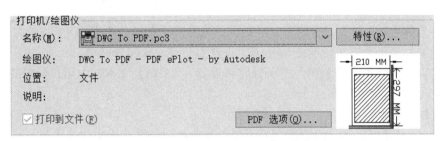

图 7-29　【打印机/绘图仪】复选框

五、着色视口选项

由于不同行业中的图纸打印要求各不相同，为了满足各方面的需求，CAD 图纸可以打印成多种颜色，如彩色、黑白或灰度色彩。

在【打印-模型】对话框中的【着色视口选项】复选框中，【着色打印】用于设定色图及渲染图的打印方式，在其下拉列表可选择打印方式，如图 7-30 所示。【质量】用于指定着色和渲染视口的打印分辨率。

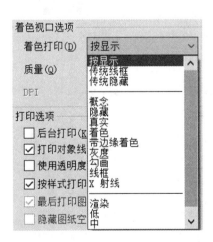

图 7-30　【着色视口选项】复选框

（1）【着色打印】下拉列表

【按显示】按对象在屏幕上的显示进行打印。

【传统线框】按线框方式打印对象，不考虑其在屏幕上的显示情况。

【传统隐藏】打印对象时消除隐藏线，不考虑其在屏幕上的显示情况。

【概念】、【隐藏】、【真实】、【着色】、【带边缘着色】、【灰度】、【勾画】、【线框】及【X

射线】按视觉样式打印对象，不考虑其在屏幕上的显示情况。

【渲染】按渲染方式打印对象，不考虑其在屏幕上的显示情况。

（2）【质量】下拉列表

【草稿】将渲染及着色图按线框方式打印。

【预览】将渲染及着色图的打印分辨率设置为当前设备分辨率的 1/4，DPI 的最大值为 150。

【常规】将渲染及着色图的打印分辨率设置为当前设备分辨率的 1/2，DPI 的最大值为 300。

【演示】将渲染及着色图的打印分辨率设置为当前设备的分辨率，DPI 的最大值为 600。

【最高】将渲染及着色图的打印分辨率设置为当前设备的分辨率。

【自定义】将渲染及着色图的打印分辨率设置为【DPI】文本框中用户指定的分辨率，最大可为当前设备的分辨率。

（3）【DPI】文本框

设置打印图像时每英寸的点数，最大值为当前打印设备分辨率的最大值。只有当【质量】下拉列表中选择了【自定义】选项后，此选项才可用。

六、图纸尺寸与方向

在【打印-模型】对话框的【图纸尺寸】复选框中可以设置图纸大小，下拉列表中有多种尺寸可供选择，如图 7-31 所示。选择好图纸尺寸后，【打印-模型】右上方会有所对应的图纸尺寸及可打印区域的预览图像，如图 7-32 所示。

图 7-31　【图纸尺寸】复选框

除了从【图纸尺寸】下拉列表中选择标准图纸外，也可以在【打印-模型】对话框中点击【特性】按钮，打开【绘图仪配置编辑器】创建图纸，但前提是需要修改所选打印设备的配置。如图 7-33 所示。

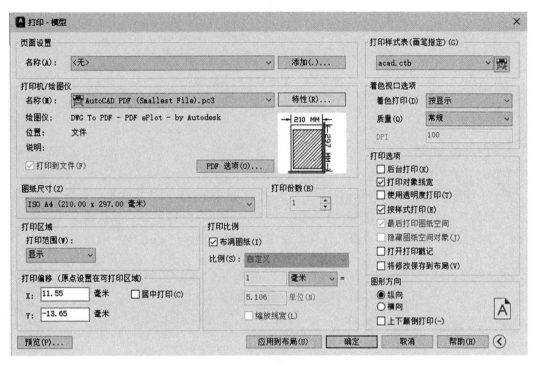

图 7-32　图纸预览图像

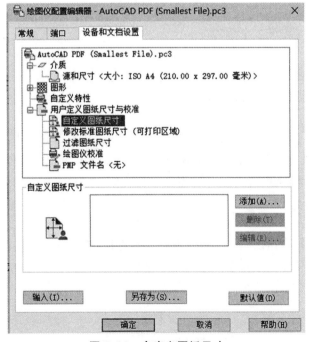

图 7-33　自定义图纸尺寸

图形的打印方向通过【图形方向】进行调整，如图 7-34 所示。旁边的图标表示图纸的放置方向，图标中的字母代表图形在图纸上的打印方向。

图 7-34   【图形方向】区域

【图形方向】有以下 3 个选项：

【纵向】图形在图纸上的放置方向是竖直的 🅰。

【横向】图形在图纸上的放置方向是水平的 ▷。

【上下颠倒打印】使图形颠倒打印，此选项可与【纵向】和【横向】结合使用。

图形的打印位置由【打印偏移】中的选项确定，如图 7-35 所示。默认情况下，系统从图纸左下角打印图形。打印原点处在图纸左下角位置，坐标是（0，0），用户可在【打印偏移】分组框中设定新的打印原点，这样图形在图纸上将沿 X 轴和 Y 轴移动。

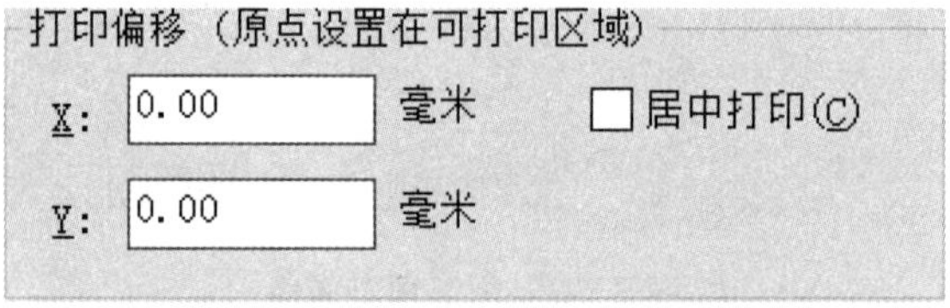

图 7-35   【打印偏移】区域

【打印偏移】包含以下 3 个选项：

【居中打印】图形位于图纸的正中间（自动计算 X 和 Y 的偏移值）。

【X】指定打印原点在 X 方向的偏移值。

【Y】指定打印原点在 Y 方向的偏移值。

七、打印区域

执行【文件】-【打印】命令，在弹出的【打印-模型】对话框中，执行【打印区域】复选框，设置【打印范围】，如图 7-36 所示。【打印范围】下拉列表中包含 3 个选项：

（1）【窗口】选择该选项后，可任意框选打印区域，用户可根据需要选取图纸的两个对角点；单击 **窗口(O)<** 按钮，可重新设定打印区域。

（2）【图形界限】选择该选项，系统就把设定的图形界限范围打印在图纸上。

（3）【显示】可以打印绘制图样中的所有图形对象。

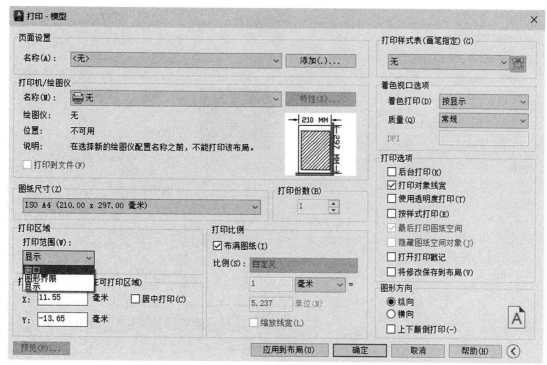

图 7-36　【打印区域】复选框

八、打印比例

在【打印-模型】对话框的【打印比例】复选框中，设置出图比例，如图 7-37 所示。在模型空间中按 1:1 的实际尺寸绘图，出图时需依据图纸尺寸确定打印比例，该比例是图纸尺寸单位与图形单位的比值。

注意：CAD 中的打印比例 1:1，是以图纸中 1mm 为一个单位，部分图纸中如地形图的单位是 m，图纸已经缩放，当图纸中标注为 1:1000 时，打印比例应为分母除以 1000 的比例。如 1:500 为 2:1，1:20000 为 1:20。

【比例】复选框的下拉列表中包含了一系列标准缩放比例值，还包含自定义选项，通过该选项可以自己指定打印比例。

从模型空间打印时，【打印比例】的默认设置是【布满图纸】，此时系统将缩放图形以充满所选定的图纸。

图 7-37 打印比例

九、打印预览及打印

1. 在最终打印输出图形之前，可以利用打印预览功能检查一下设置的正确性，例如绘制的图形是否都在有效输出区域内等。

执行【文件（F）】-【打印预览（V）】命令，或在命令行输入 PREVIEW 命令，可以预览输出结果，AutoCAD 2023 将根据当前的页面设置、绘图设备的设置以及绘图样式表等内容，在屏幕上显示出最终要输出的图纸样式。

在执行【打印预览】命令之前，必须设置绘图仪，否则系统命令行会提示信息：未指定绘图仪。使用"页面设置"给当前图层指定绘图仪。

2. 在预览窗口中，十字光标变成了带有加号和减号的放大镜标，向上拖动光标可以放大图像，向下拖动光标可以缩小图像。若结束全部的预览操作，可直接按 Esc 键。经过打印预览，确认打印设置正确后，单击左上角的【打印】按钮，打印输出图形。

3. 在【打印】对话框中，单击【预览（P）...】按钮也可以预览打印，确认正确后，单击【确定】按钮，AutoCAD 2023 即可输出图形。

【任务小结】

打印图形时一般需要进行以下设置：

● 选择打印设备，包括 Windows 系统打印机或 AutoCAD 内部打印机；

● 指定图幅大小、图纸单位及图形放置方向；

● 设定打印比例；

● 设置打印范围，用户可指定图形界限、所有图形对象、某一矩形区域及显示窗口等作为输出区域；

● 调整图形在图纸上的位置，通过修改打印原点可使图像沿 X 轴、Y 轴移动；

● 选择打印样式，预览打印效果。

【实训演练】

1. 打印住宅户型图

步骤 1：打开素材中的"住宅户型图"文件，然后点击快速访问工具栏中的打印按钮，在打开的【打印-模型】对话框中选择打印机名称和图纸尺寸，如图 7-38 所示。

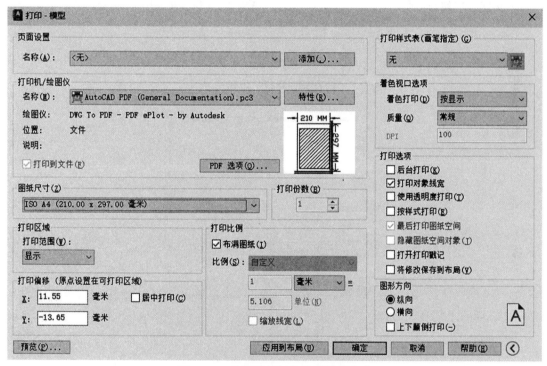

图 7-38 选择打印机名称和图纸大小

步骤 2：在【打印区域】的【打印范围】下拉列表选择【窗口】，在绘图区框选出要打印的区域，在【打印偏移】区域点击【居中打印】复选框。

步骤 3：在【打印样式表】区域下拉列表中选择"acad.ctb"选项，在弹出的【问题】对话框中单击【是】按钮，如图 7-39 所示。最后单击【预览】按钮，查看打印效果，如图 7-40 所示。

图 7-39　选择打印样式

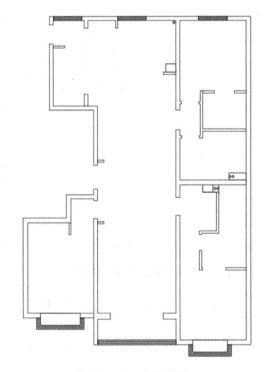

图 7-40　打印效果

　　步骤 4：单击【打印样式表】区域中的【编辑】按钮，打开【打印样式表编辑器-acad.ctb】对话框，如图 7-41 所示。单击【打印样式】列表框中的【颜色 1】选项，然后拖动到最下方，按住 Shift 键的同时单击【颜色 255】，便可选中该列表框中的所有选项。

图 7-41 打印样式表编辑器-acad.ctb

步骤 5：在【特性】区域的【颜色】列表框中单击，在弹出的下拉列表中选择【黑】选项，其他选项采用默认设置，如图 7-42 所示。单击【保存并关闭】按钮。

图 7-42 打印样式表编辑器-acad.ctb

步骤 6：再次点击【预览】按钮，便可以看到所有图形的打印颜色都变成黑色。若觉得图纸方向和位置合适，点击鼠标右键，选择【打印】。如果觉得不合适，可以点击 ![icon] 按钮，继续返回对话框进行修改。如图 7-43 所示。

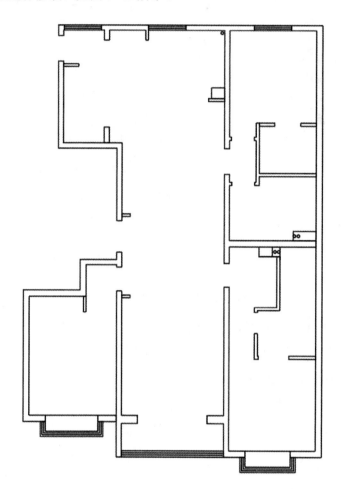

图 7-43　打印最终效果

2. 保存和调用打印设置

如果要使用相同的打印设置打印多个文件，只需要设置一次打印参数，然后将其保存，以方便下次使用。

步骤 1：打开【打印-模型】对话框，在【页面设置】选项组中单击【添加】按钮，如图 7-44 所示。

步骤 2：在弹出的对话框中输入新页面名称"住宅图纸"，然后单击【确定】按钮，如图 7-45 所示。

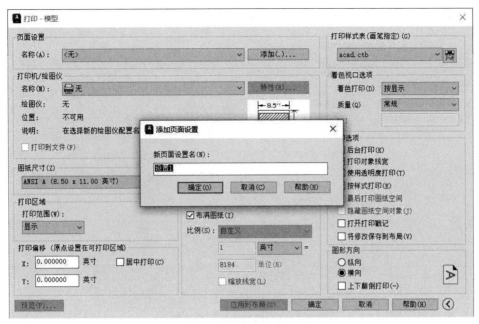

图 7-44　单击【添加】按钮

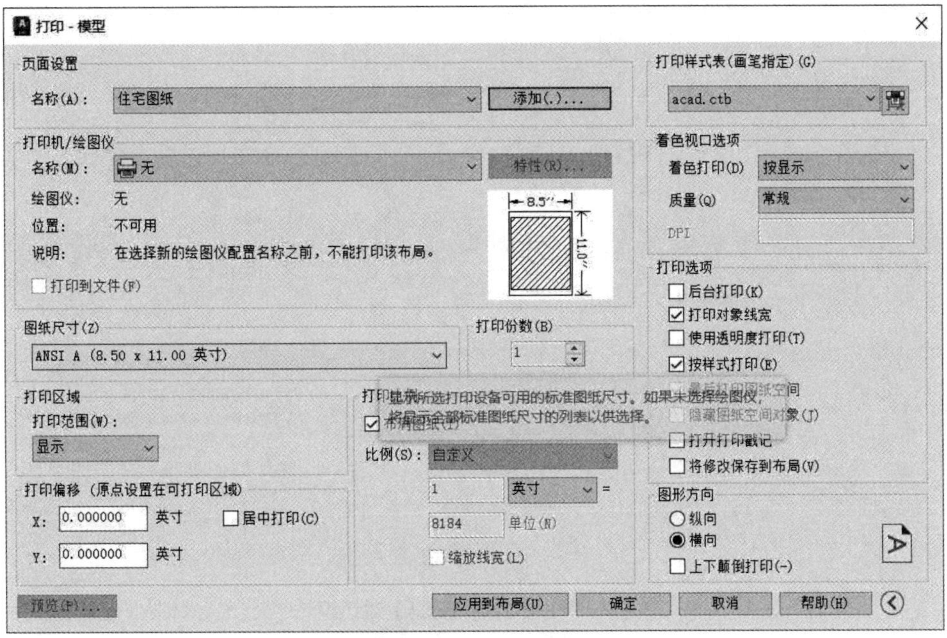

图 7-45　输入名称

步骤 3：在新的图纸中，点击工具栏【输出】选项卡中的【页面设置管理器】按钮，打开【页面设置管理器】对话框，选择"住宅图纸"，点击【修改】按钮，将在"打印住宅户型图"实训演练设置的页面设置再重复操作一遍，并单击【置为当前】按钮，如图 7-46 所示。

步骤 4：设置完成后单击【关闭】按钮，然后执行【文件】-【打印】命令，便会出现已经保存的打印设置，如图 7-47 所示。

图 7-46　将打印设置为当前

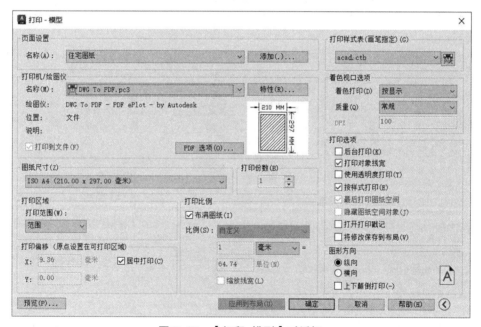

图 7-47　【打印-模型】对话框

【拓展练习】

1. 打印图形时，一般应设置哪些打印效果？如何设置？
2. 设置完打印参数后应如何保存对这些参数的设置？
3. 有哪两种类型的打印样式？它们的作用是什么？
4. 从模型空间出图时，如何将不同绘图比例的图纸放在一起打印？

项目八 室内设计

【学习目标】

- 掌握室内设计的基础知识。
- 了解室内设计绘图的基本内容。
- 熟练创建样本文件。
- 精准绘制咖啡馆的平面图与部分立面图。

【项目综述】

室内设计就是按照建筑的使用性质、所处的环境以及相应的准则，利用物质技术手段以及建筑美学原理来营造出一个功能合理、舒适美观并且能够满足人民群众物质与精神生活要求的室内环境。

【任务简介】

1. 任务要求与效果展示

学会创建样板文件，并运用前面学习的不同工具命令来实际绘制室内平面和立面图。如图 8-1、图 8-2、图 8-3、图 8-4 所示。

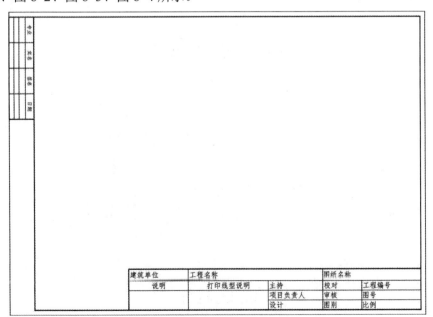

图 8-1 图框

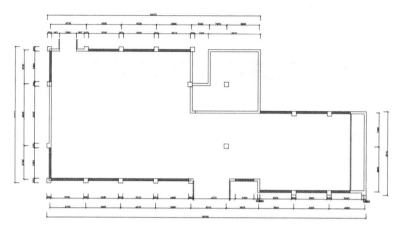

图 8-2　咖啡馆原始结构图

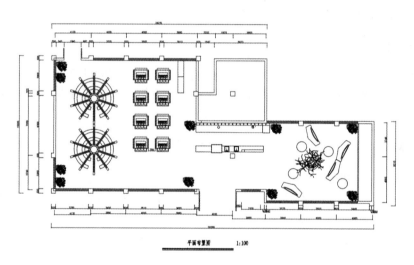

图 8-3　咖啡馆平面布置图

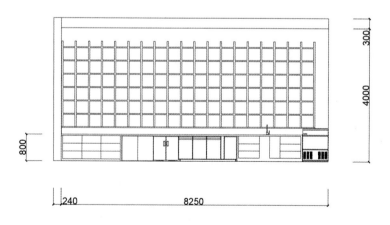

图 8-4　咖啡馆前台水吧立面图

2. 知识技能目标

创建样本文件，学会绘制外墙体的方法、家具及空间摆放位置的绘制方法。

【任务实施】

任务子模块 1
室内设计基础知识

坚持科技是第一生产力，人才是第一资源，创新是第一动力。

深入实施人才强国战略。坚持尊重劳动、尊重知识、尊重人才、尊重创造，实施更加积极、更加开放、更加有效的人才政策。着力形成人才国际竞争的比较优势。加快建设国家战略人才力量。深化人才发展体制机制改革，把各方面优秀人才集聚到党和人民事业中来。

室内设计指将人们所处的环境意识与审美意识相互结合，从建筑内部把握空间构造的一项活动。

【重点和难点】

了解室内设计特定意义、分类等有关基本知识。

真正了解室内设计的内容并在绘图中体现。

一、室内设计的含义

1. 室内设计的具体含义

根据室内的实用性质和所处的环境，运用物质材料、工艺技术及艺术的手段，创造出功能合理，舒适美观，符合人的生理、心理需求的内部空间；赋予使用者愉悦的，便于生活、工作、学习的理想的居住与工作环境。从这一点来讲，室内设计便是改善人类生存环境的创造性活动。

2. 室内设计的价值

室内设计将实用性、功能性、审美性与符合人们内心情感的特征等有机结合起来，强调艺术设计的语言和艺术风格的体现，从心理、生理角度同时激发人们对美的感受，对自然的关爱与生活质量的追求，使人在精神享受、心情舒畅中得到健康的心理平衡，这正是室内设计的价值所在。

二、室内设计的分类

根据建筑物的使用功能，室内设计分为如下几类。

1. 居住建筑室内设计

主要涉及住宅、公寓和宿舍的室内设计，具体包括前室、起居室、餐厅、书房、工作室、卧室、厨房和卫生间设计。

2. 公共建筑室内设计

（1）文教建筑室内设计。主要涉及幼儿园、学校、图书馆、科研楼的室内设计，具体包括门厅、过厅、中庭、教室、活动室、阅览室、实验室、机房等室内设计。

（2）医疗建筑室内设计。主要涉及医院、社区诊所、疗养院的建筑室内设计，具体包括门诊室、检查室、手术室和病房的室内设计。

（3）办公建筑室内设计。主要涉及行政办公楼和商业办公楼内部的办公室、会议室以及报告厅的室内设计。

（4）商业建筑室内设计。主要涉及商场、便利店、餐饮建筑的室内设计，具体包括营业厅、专卖店、酒吧、茶室、餐厅的室内设计。

（5）展览建筑室内设计。主要涉及各种美术馆、展览馆和博物馆的室内设计，具体包括展厅和展廊的室内设计。

（6）娱乐建筑室内设计。主要涉及各种舞厅、歌厅、KTV、游戏厅的建筑室内设计。

（7）体育建筑室内设计。主要涉及各种类型的体育馆、游泳馆的室内设计，具体包括用于不同体育项目的比赛和训练及配套的辅助用房的设计。

（8）交通建筑室内设计。主要涉及公路、铁路、水路、民航的车站、候机楼、码头建筑，具体包括候机厅、候车室、候船厅、售票厅等的室内设计。

3．工业建筑室内设计

主要涉及各类厂房的车间和生活间及辅助用房的室内设计。

4．农业建筑室内设计

主要涉及各类农业生产用房，如种植暖房、饲养房的室内设计。

三、室内设计的基本要素

1．空间要素。空间的合理化并给人们以美的感受是设计基本的任务。要勇于探索时代、技术赋予空间的新形象，不要拘泥于过去形成的空间形象。

2．色彩要求。室内色彩除对视觉环境产生影响外，还直接影响人们的情绪、心理。科学地运用色彩有利于工作，有助于健康。色彩处理得当既能符合功能要求又能取得美的效果。室内色彩除了必须遵守一般的色彩规律外，还随着时代审美观的变化而有所不同。

3．光影要求。人类喜爱大自然的美景，常常把阳光直接引入室内，以消除室内的黑暗感和封闭感，特别是柔和的散射光，使室内空间更为亲切自然。光影的变换，使室内更加丰富多彩，给人以多种感受。

4．装饰要素。室内整体空间中不可缺少的建筑构件，如柱子、墙面等，结合功能需要加以装饰，可共同构成完美的室内环境。充分利用不同装饰材料的质地特征，可以获得千变万化和不同风格的室内艺术效果，同时还能体现地区的历史文化特征。

5．陈设要素。室内家具、地毯、窗帘等，均为生活必需品，其造型往往具有陈设特征，大多数起着装饰作用。实用和装饰二者应互相协调，要求的功能和形式统一而有变化，使室内空间舒适得体，富有个性。

6．绿化要素。室内设计中绿化已成为改善室内环境的重要手段。室内移花栽木，利用绿化和小品扩大室内空间感，并且在美化空间也起着积极作用。

四、室内设计的基本原则

1．功能性原则：包括满足与保证使用的要求，保护主体结构不受损害和对建筑的立面、室内空间等进行装饰这三个方面。

2．安全性原则：无论是墙面、地面或顶棚，其构造都要求具有一定强度和刚度，符合计算要求，特别是各部分之间连接的节点，更要安全可靠。

3．可行性原则：之所以进行设计，是要通过施工把设计变成现实，因此室内设计一定要具有可行性，力求施工方便，易于操作。

4. 经济性原则：要根据建筑的实际性质和用途确定设计标准，不要盲目提高标准，单纯追求艺术效果，造成资金浪费；也不要片面降低标准而影响效果，重要的是在同样造价下，通过巧妙的构造设计达到良好的实用与艺术效果。

5. 搭配原则：要满足实用功能、现代技术、精神功能等要求。

五、室内设计的设计阶段

室内设计一般分为设计准备阶段、方案设计阶段、施工图设计阶段以及设计实施阶段四个阶段。

设计准备阶段是接受委托任务到签订合同，明确设计期限并建立设计方案进度安排以及设计任务和要求。

方案设计阶段形成方案图，确定初步设计思路，提供设计程序。一般要进行色彩表现，主要用于向业主或招标单位进行方案展示和汇报。

施工设计阶段形成施工图。它是施工的主要依据，因此需要将室内布局以及家具数据毫无分差地表示出来，以及所用材质和个别的构造等。

设计实施阶段是施工阶段，施工前，设计师应向承包施工的人员进行设计的初步说明及图纸的技术交底。施工之后，还需进行跟踪及必要的局部设置或补充。施工结束后，设计师还要参加工程验收。

任务子模块 2
室内设计绘图内容

优秀的设计不仅要体现出安全性、实用性和审美性，还要体现出文化内涵和人文关怀等。

室内设计图是设计者用来表达自己设计思想的技术文件，是室内装饰施工的依据。因此，为了使图样正确无误地表达设计者的意图，图样的画法就要遵循一定的规则。

【重点和难点】

了解室内设计的绘图内容。

实践操作室内设计的绘图内容。

一、平面图展示

平面图是用于表示项目的外部形状、内部布置、结构构造、内外装修、设备以及施工等要求的图样，如图 8-5 所示。

墙体定位：对墙体位置的基本定位，作为放线的依据。

平面布置：展示地面上的家具、电器的空间位置。

家具尺寸：对室内设施进行定位并确定规格大小。

地坪布置：用于表达室内地面造型、纹饰图案的布置。

综合天花：指天花所体现的造型标高、吊顶材质、灯具、消防以及音响、空调进出风口等汇总起来的综合图。

　　天花尺寸：指天花的造型标高尺寸。

　　灯具定位：确定灯在室内的空间位置。

　　立面索引：用以表示建筑内部的结构构造、垂直方向的分层情况、各层楼地面、屋顶的构造及相关尺寸、标高等。

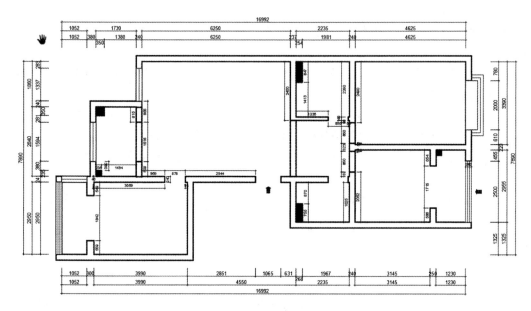

墙体定位(1:80)

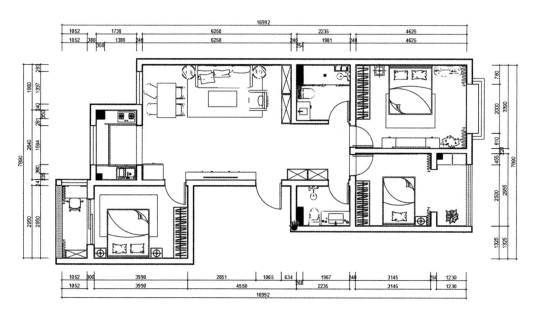

平面布置(1:80)

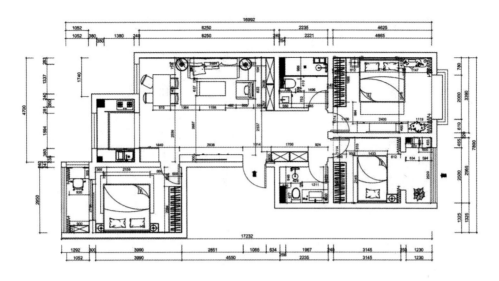

家具尺寸(1:80)

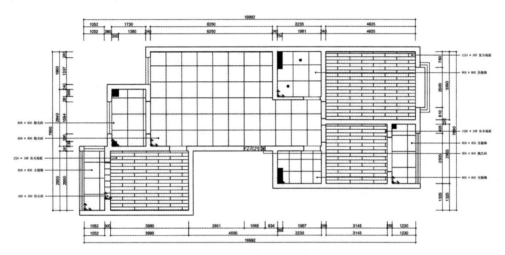

地坪布置(1:80)

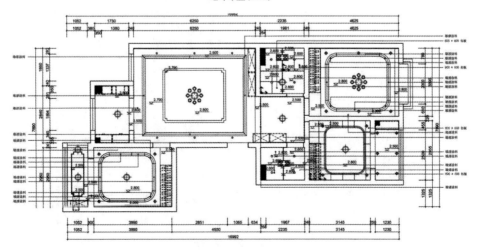

综合天花(1:80)

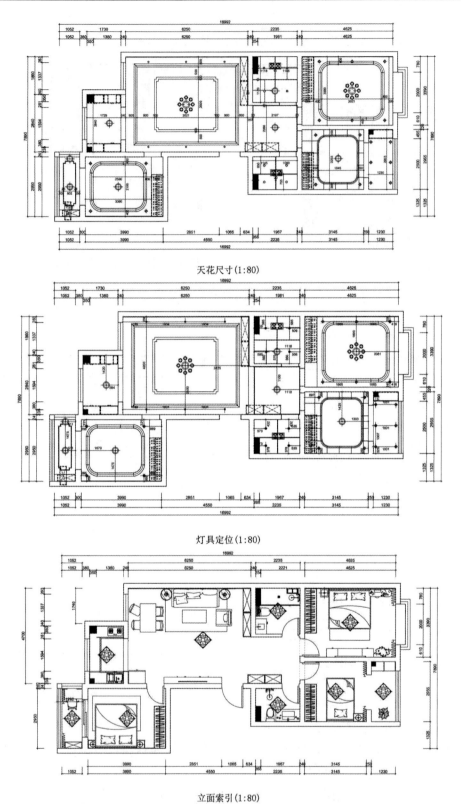

天花尺寸(1:80)

灯具定位(1:80)

立面索引(1:80)

图 8-5 平面图展示

二、立面图展示

室内立面图是在平行于该外墙面的投影面上的正投影图，是用来表示室内的外貌，并标明房屋的体型和外貌、门窗的形式和位置、墙面的材料和装修做法等，如图 8-6 所示。

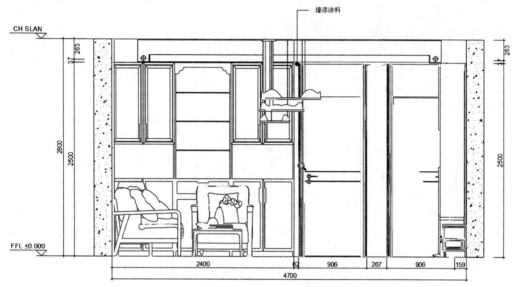

客餐厅立面 B（1:40）

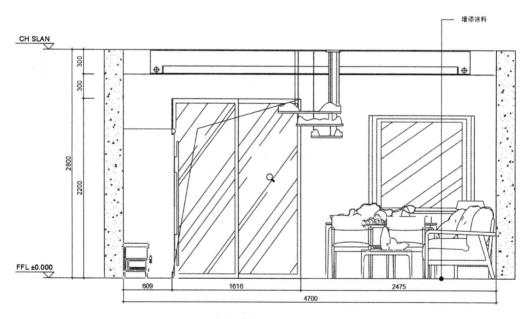

客餐厅立面 D（1:40）

图 8-6　立面图展示

三、效果图展示

效果图通过对物体的造型、结构、色彩、质感等诸多因素的表现，真实地再现设计师的创意，是设计师与观者之间视觉语言的联系，使人们更清楚地了解设计的各项性能、构造、材料等，如图 8-7 所示。

图 8-7　效果图展示

任务子模块 3
施工设计与表达

　　我们从事的是前无古人的伟大事业，守正才能不迷失方向、不犯颠覆性错误，创新才能把握时代、引领时代。我们要以科学的态度对待科学、以真理的精神追求真理，坚持马克思主义基本原理不动摇，坚持党的全面领导不动摇，坚持中国特色社会主义不动摇，紧跟时代步伐，顺应实践发展，以满腔热忱对待一切新生事物，不断拓展认识的广度和深度，敢于说前人没有说过的新话，敢于干前人没有干过的事情，以新的理论指导新的实践。

　　室内设计图是传达设计表达的一种方法，是室内装修施工的依据，因此应该遵循统一的制图规范。没有进行过常规制图训练的读者，在具体学习绘制室内设计图之前，有必要先了解一下室内制图的相关标准等。

【重点和难点】

　　了解室内施工图的规范。

　　准确地创建样本文件。

一、室内设计的绘图规范

　　所有设计师出的图纸都需配备封皮、说明以及目录，并注意以下几点：

　　（1）图纸封皮须注明工程名称、图纸类别（施工图、竣工图、方案图）、制图日期。

　　（2）图纸说明需进一步说明工程概况、工程名称、建设单位、施工单位、设计单位或建筑设计单位等；

（3）每张图纸须标有图名、图号、比例、时间。

1. 图幅

图幅指的是图面的大小。根据国家规范的规定，按图面的长和宽大小确定图幅的等级，其常用的有 A0（1189×841）、A1（594×841）、A2（420×594）、A3（297×420）及 A4（210×297），每种图幅长宽尺寸如图 8-8 所示。

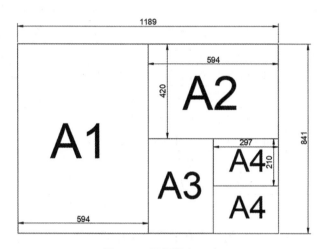

图 8-8　图幅长宽尺寸

2. 比例

在 AutoCAD 中绘图时，一般采用 1:1 的比例绘图，这样可以避免因换算单位而引发错误。然后选用合适的图纸和打印比例将其进行打印。一般情况下，图样中视图名称右侧的比例即为打印比例。比例的字高要比图名的字高小一号。不同的比例对图样绘制的深度也有不同要求。

常用绘图比例如表 8-1 所示。

表 8-1　常用绘图比例

图名	比例
建筑物或构筑物的平面图、立面图、剖面图	1:50、1:100、1:150、1:200、1:300
建筑物或构筑物的局部放大图	1:10、1:20、1:25、1:30、1:50
配件及构造详图	1:10、1:20、1:25、1:30、1:50

3. 图线

室内设计图主要由各种图线构成，不同图线表示不同的含义。为了能够清晰、准确、美观地表达设计思想，下面列举了常见线型，并标明了它们的用途，如表 8-2 所示。这里的 b 是由图样大小和图形的难易程度设定的，可以从 2.0、1.4、1.0、0.7、0.5、0.35 中选取。

表 8-2　图线的线型与线宽

名称	线宽/mm	用途
粗实线	b	（1）平、剖面图中被剖切的主要建筑构造的轮廓（建筑平面图）。
		（2）室内外立面图的轮廓。
		（3）建筑装饰构造详图的建筑物表面线。
中实线	b/2	（1）平、剖面图中被剖切的次要建筑构造的轮廓线。
		（2）室内外平顶、立、剖面图中建筑构配件的轮廓线。
		（3）建筑装饰构造详图及构配件详图中一般轮廓线。
细实线	b/4	填充线、尺寸线、尺寸界线、索引符号、标高符号、分格线。
细虚线	b/4	（1）室内平面、顶面图中未剖切到的主要轮廓线。
		（2）建筑构造及建筑装饰构配件不可见的轮廓线。
		（3）拟扩建的建筑轮廓线。
		（4）外开门立面图开门表示方式。
细点划线	b/4	中心线、对称线、定位轴线。
细折断线	b/4	不需画全的断开界线。

4. 文字标注

在绘制室内设计图时，需要用最直观的文字来标明房间名称、大小、装饰材料以及说明施工技术等要求，所以文字是不可缺少的一部分。要想清楚地表达施工图和设计图的内容，适当的线条加上文字是必需的。文字标注的要求如下：

（1）图样及说明中的汉字常采用仿宋字，如图 8-9 所示，也可以采用其他字体，但要容易辨认；

（2）文字的高度一般设置为 3.5mm、5mm、7mm、10mm、14mm、20mm，汉字的字高应不小于 3.5mm，如图 8-10 所示；

（3）字母和数字的字高不应小于 2.5mm，与汉字并列书写时其字高可小一至二号；

（4）分数、百分数和比例数的书写，要采用阿拉伯数字和数字符号，例如，"一比一百""百分之二十"和"四分之一"应分别写成"1:100""20%"和"1/4"。

> 　想要成为一名成熟的设计师，必须具备观察分析问题的能力，要用全面的观点看问题以处理设计工作过程中各种复杂的关系，学会具体问题具体分析以充分利用过往的经验、前人的思想和作品等满足客户需求，同时，一定不要被经验束缚了头脑，要善于打破惯性思维，从事物的表象挖掘事物的本质，主动调整、主动变化，在调整和变化中寻求到新的发展路径。

图 8-9　仿宋字体

图 8-10 字体高度

5. 图层

由于平面布置图和立面图等图纸的内容不同，所以图层也会不同。为方便以后绘图，本节仅创建表 8-3 所示室内施工图中最常用的几种图层，其他图层在具体使用时可随时创建。图层的具体创建方法参照项目二。

表 8-3 室内施工图中最常用的图层

名称	颜色	线型	线宽
粗实线	7	CON	b
细实线	6	CON	b/2
文字标注	3	CON	默认
尺寸标注	3	CON	默认

二、创建样板文件

1. 设计图形单位

在 AutoCAD 中绘制室内装修施工图时，经常采用 1∶1 的绘图比例，即按照物体的实际尺寸绘图，故通常采用毫米作为基本单位。值得注意的是，图形精度会影响计算机的运行速度。在绘制室内装潢施工图时，将精度设置为"0"足以满足绘图要求，其具体设置方法如下。

步骤 1：启动 AutoCAD 2023，并点击【新建】后，系统会弹出【选择样板】对话框，默认文件名为 acadiso.dwt，点击【打开】按钮，系统将自动创建一个名为"Drawing1"的文件。如图 8-11 所示。

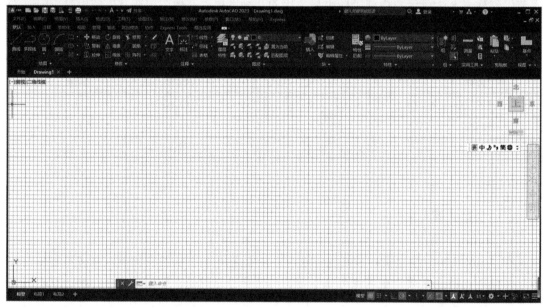

图 8-11   创建文件

步骤 2：在菜单栏中执行【格式】–【单位】命令，在弹出的【图形单位】对话框中进行设置。如图 8-12 所示。设置完毕，单击【确定】按钮。

图 8-12　图形单位设置

注意：acadiso.dwt 是 AutoCAD 默认的标准样板文件，该样板文件只定义了一个 0 图层，且图形单位是公制（acad.dwt 与 acadiso.dwt 的区别是前者的图形单位为英寸）。在绘制室内施工图时，如果没有符合需要的样板文件，一般选用 acadiso.dwt 样板文件。

2. 创建图层

步骤 1：在命令行中输入"LA"，打开【图层特性管理器】。

步骤 2：点击【新建图层】按钮，创建三个图层，名称以及样式如图 8-13 所示。

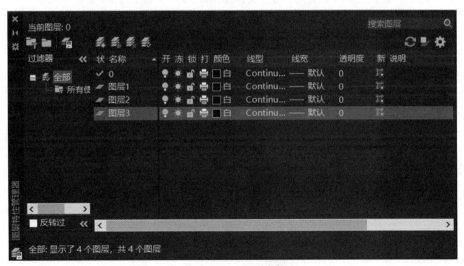

图 8-13　图层样式

3. 创建文字与尺寸标注样式

样板文件中，一般设置两种最常用的文字样式，一种是用于注写数字和字母的"数字及字母"样式，一种是用于注写汉字的"汉字"样式。

为了方便为不同尺寸的图形标注尺寸，样板文件中一般可将尺寸标注的大小按基本图幅的要求来设置，在具体标注时，可根据所绘制图形的大小，在如图 8-14 所示的对话框的【使用全局比例】编辑框输入打印比例的数值，即可调整尺寸数字和尺寸起止符号的大小。

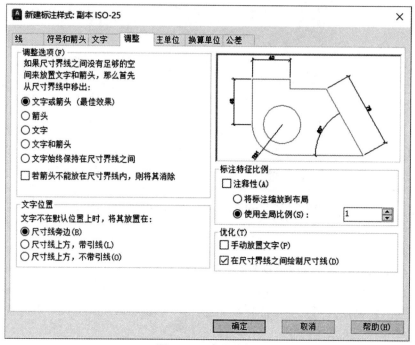

图 8-14　全局比例

步骤 1：执行【工具】-【工具栏】-【AutoCAD】-【样式】命令。

步骤 2：点击【文字样式】按钮 ，新建两个文字样式，名称分别设为"汉字"和"数字及字母"。如图 8-15 所示。

图 8-15　文字样式参数

步骤 3：点击【标注样式】按钮 ，打开【标注样式管理器】对话框，点击【新建】按钮。设置好名称后，点击【继续】按钮，在弹出的【标注样式管理器】对话框中设置参数，参数设置如图 8-16 所示。设置完成后，点击【确定】按钮，返回上级对话框，依次点击【置为当前】和【关闭】按钮。

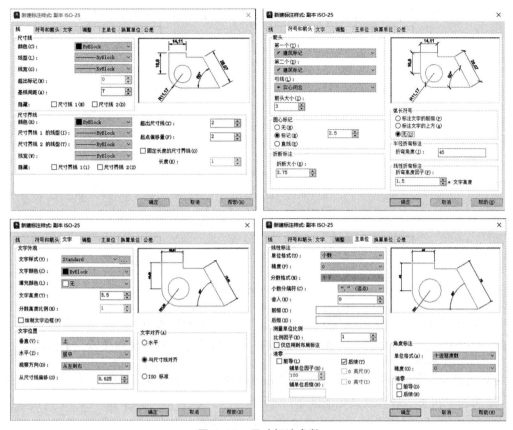

图 8-16　尺寸标注参数

4. 绘制图框线

步骤 1：输入命令"LA"，按空格键确定，打开【图层特性管理器】，点击【新建图层】按钮 ，名称为"幅面线"，颜色为"白色"，其他为默认。

步骤 2：点击【置为当前】按钮 ，将"幅面线"图层设置为当前图层，然后点击【矩形】按钮 ，或输入"REC"命令并回车，按键盘上的【↑】键，如图 8-17 所示。输入第一个角点"0，0"，按空格键确定，接着输入第二个角点"420，297"，按空格键确定。

按"↑"键前　　　　　　　　　　　　　　　　　按"↑"键后

图 8-17　点击"↑"键前后对比

步骤 3：滚动鼠标滚轮，调整矩形合适的显示大小，点【偏移】按钮或输入命令"O"并按空格键确定，输入偏移距离"5"并按空格键确定，然后选择所绘制的矩形并拖至内侧单击，便完成矩形的偏移，最后按 Esc 键结束【偏移】命令，效果如图 8-18 所示。

图 8-18　偏移效果

　　步骤 4：打开【正交】开关█或按快捷键 F8，选中偏移所得到的矩形，并点击左线中间的蓝色小矩形，输入 "20" 并按空格键确定。在默认选项栏中找到【特性】面板。点击【线宽】列表框█右边的小三角，在弹出的下拉列表中选择 "0.5 毫米"，最后按 Esc 键退出对象的选中状态。最终效果如图 8-19 所示。

图 8-19　最终效果

5. 绘制会签栏

　　会签栏是为各种工种负责人签字所列的表格，如表 8-4 所示。栏内应填写会签人员所代表的专业、姓名、日期；一个会签栏不够时，可另加一个，两个会签栏应并列；不需会签的图纸，可不设会签栏。

表 8-4 会签栏

专业	实名	签名	日期

在绘制表格前需要先设置所需要的表格样式。分别设置这 3 项中的文字样式、文字高度和对齐方式等，如图 8-20 所示。由于会签栏没有标题或表头，故只需要设定数据样式。

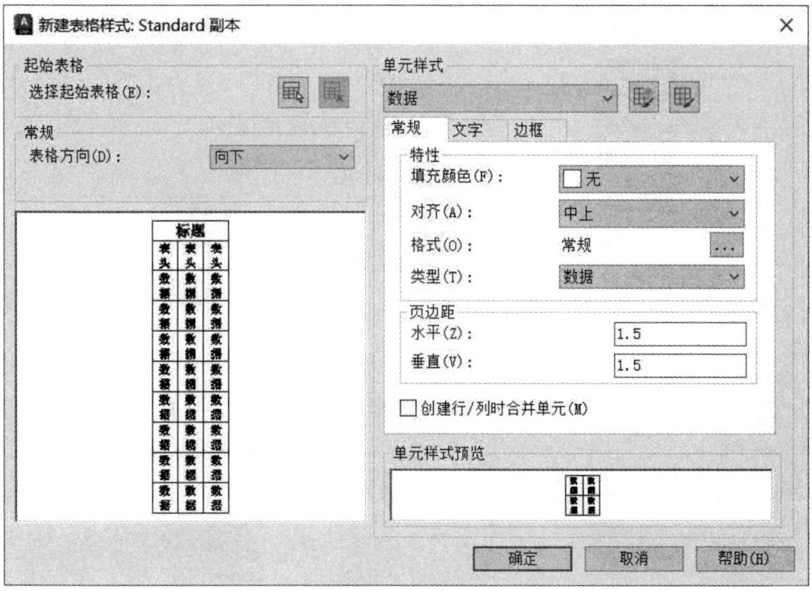

图 8-20 表格样式

步骤 1：点击菜单栏中的【格式】，然后点击【表格样式】。在弹出的【表格样式】对话框中点击【新建】按钮，在打开的【创建新的表格样式】对话框中将新样式名改为"会签栏"，如图 8-21 所示，点击【继续】按钮，会弹出【新建表格样式】对话框。

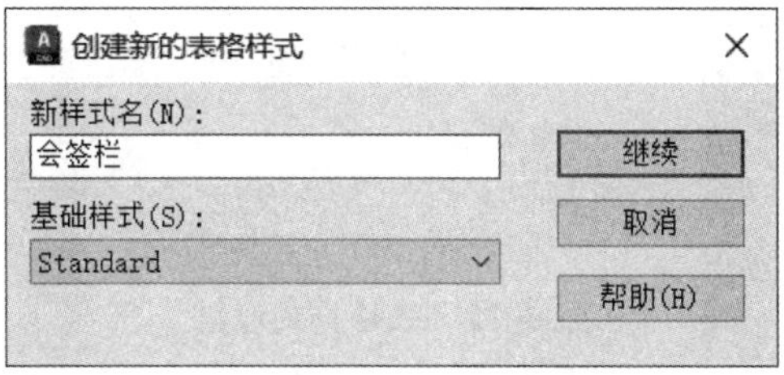

图 8-21 新样式名

步骤 2：点击【单元样式】下方的列表并选择【数据】选项，然后分别在【常规】、【文字】和【边框】选项卡中进行设置。本例中，【常规】和【文字】选项卡的设置如图 8-22 所示，【边框】选项卡采用默认设置。

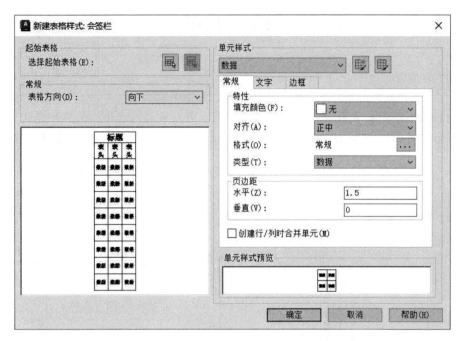

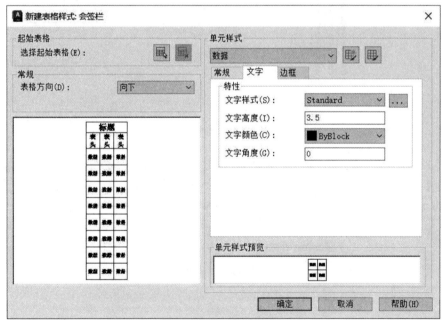

图 8-22　表格样式设置

步骤 3：设置完成后，依次单击【确定】、【置为当前】和【关闭】按钮，完成表格样式的设置。

步骤 4：点击【注释】选项卡中的【表格】按钮 或输入"table"并按空格键确定，然后在打开的对话框中设置表格的列数为 4、列宽为 25、行数为 2、行高为 1，单元样式全为数据，具体设置如图 8-23 所示。点击【确定】便可完成表格参数的设置。

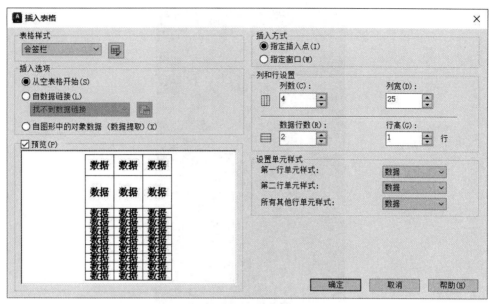

图 8-23　表格参数设置

步骤 5：完成表格参数的设置后，在绘图区域任意位置单击，即可绘制表格并进入表格编辑模式，首先输入"专业"，然后按 Tab 键或"→"键，输入"实名"。采用这种方法依次输入"签名"和"日期"，最后在任意位置点击一下，便会退出表格编辑状态，最终效果如图 8-24 所示。

专业	实名	签名	日期

图 8-24　表格绘制效果

步骤 6：调整表格高度。选中所有表格单元，点击鼠标右键，在弹出的菜单中选择"特性"，接着在打开的选项板中的"表格高度"编辑框中输入"25"并回车，如图 8-25 所示；最后按 Esc 键退出表格的选中状态。

图 8-25 　表格高度设置

　　步骤 7：点击【旋转】按钮 ，点击表格后按空格键确定。然后在表格左上角点击，指定旋转基点。接着竖直向下移动光标并在任意位置单击，即可指定旋转角度。

　　步骤 8：点击【移动】按钮 ，点击表格后按空格键确定。打开对象捕捉按钮 ，捕捉表格的右上角点并单击，接着捕捉矩形的左上角点并单击。效果如图 8-26 所示。

图 8-26 　捕捉效果

步骤 9：选中所绘制的会签栏，然后在【修改】面板中点击【分解】按钮，或输入"EXPL"并按空格键确定。选中最左、最上和最下图线，在默认选项栏中找到【特性】面板，点击【线宽】列表框右边的小三角，在弹出的下拉列表中选择"0.5 mm"选项，最后按 Esc 键即可。最终效果如图 8-27 所示。

图 8-27　会签栏最终效果

6. 绘制标题栏

图纸的标题栏简称图标，是将工程图的设计单位名称、项目名称、图名、图号、设计号及设计人、绘图人、审批人的签名和时间等集中罗列的表格。用户可根据工程需要选择确定其尺寸，如表 8-5 所示。

表 8-5　标题栏

建筑单位	工程名称		图纸名称		
说明	打印线型说明	主持	校对	工程编号
		项目负责人	审核	图号
		设计	图别	比例

步骤 1：新建"标题栏"表格样式，新样式名为"标题栏"，然后在打开的对话框中将【常规】选项卡中的对齐方式设置为"左中"，【文字】选项卡中的文字高度设置为 5，其余设置与"会签栏"相同。如图 8-28 所示。

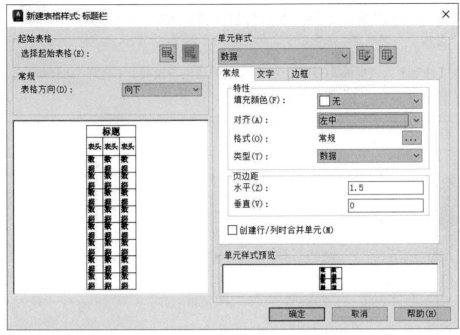

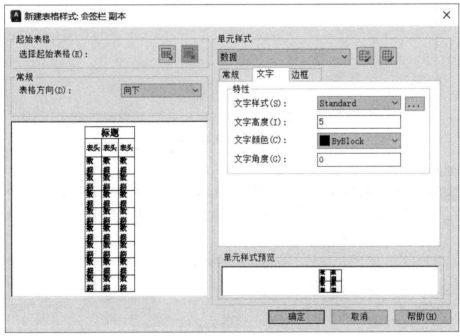

图 8-28　"标题栏"参数设置

　　步骤 2：插入表格，参照图 8-29 所示参数设置表格，然后在绘图区域任意位置单击，以指定表格的位置，按两次 Esc 键退出表格编辑状态。

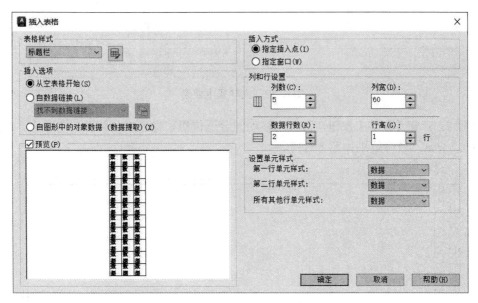

图 8-29　"标题栏"表格参数设置

步骤 3：先选中表格单元，利用【特性】面板编辑框来调整表格。首先调整表格高度为 40，然后选中"B"列单元宽度为 80，"C"列单元宽度为 55，"D"列单元宽度为 40。调整好单元的尺寸。

步骤 4：合并表格单元。点击"B1"单元格，然后按住 Shift 键并点击"C1"单元格，接着点击【合并】面板中的【合并单元】按钮，在弹出的命令列表中选择"合并全部"命令，然后采用同样的方法合并其他表格单元，最后按 Esc 键即可。效果如图 8-30 所示。

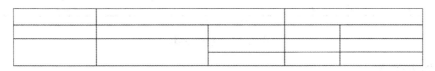

图 8-30　合并单元格效果

步骤 5：在要输入文字的单元格中双击并输入所需文字，效果如图 8-31 所示。

建筑单位	工程名称		图纸名称		
说明	打印线型说明	主持	校对	工程编号
		项目负责人	审核	图号
		设计	图别	比例

图 8-31　输入文字效果

步骤 6：选择"说明"表格，同样是在【特性】面板中，点击【单元】区域的【对齐】，将对齐方式设置为【正中】，便可以将所选表格里的内容置于单元格正中间。"打印线型说明"同样方法居中。效果如图 8-32 所示。

建筑单位	工程名称			图纸名称	
说明	打印线型说明	主持	校对	工程编号	
		项目负责人	审核	图号	
		设计	图别	比例	

图 8-32　文字居中效果

步骤 7：点击【移动】按钮，将表格移动到合适位置。将表格分解并选中最上，最左线宽改为 0.5 mm。最终效果如图 8-33 所示。

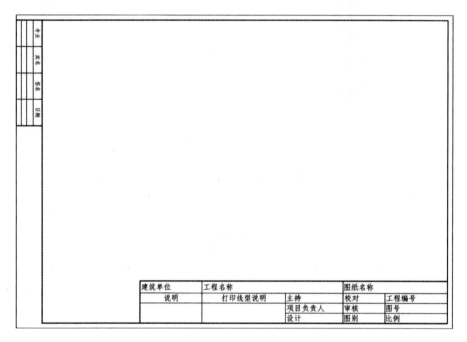

图 8-33　最终效果

【任务小结】

1. 室内设计基础知识汇总。

2. 室内设计的绘图内容：平面图、立面图、效果图。

3. 绘制平面图墙体前，先绘制轴线，准确快速地确定墙体位置。

4. 绘制不同图形前，先新建图层，设置参数，给不同类别图形分层归类。

5. 用绘图工具绘制图形后，学会运用修改工具调整图形。

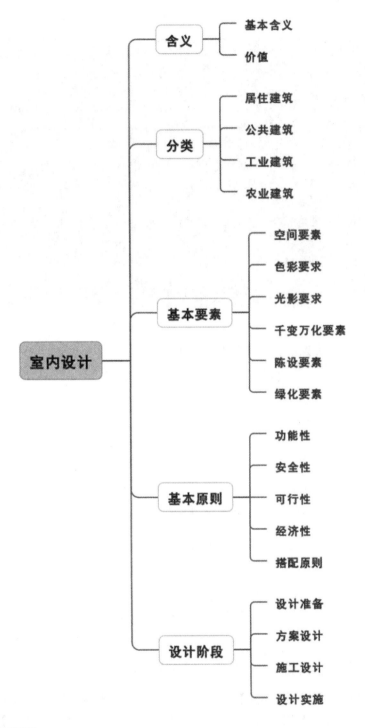

【实训演练】

1. 绘制咖啡馆原始结构图

原始结构图是一切施工图的基础，具体操作步骤如下：

步骤1：启动 AutoCAD 2023 软件，新建空白文件，点击【图层特性】按钮，弹出相应对话框，新建图层名为"轴线"，设置颜色为红色。如图 8-34 所示。

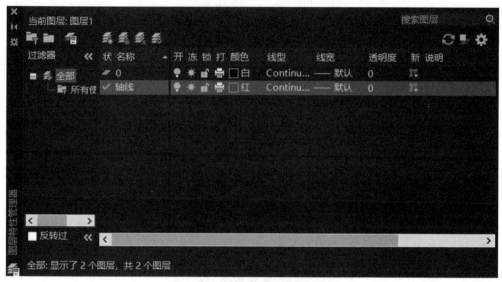

图 8-34　【图层特性】对话框

步骤 2：将【轴线】图层置为当前图层。执行【直线】命令，按图 8-35 所示尺寸绘制出墙体轴线。

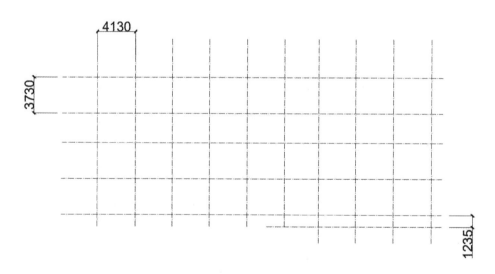

图 8-35　绘制墙体轴线

步骤 3：在菜单栏中执行【格式】-【多线样式】命令，在弹出的对话框中单击【新建】按钮，如图 8-36 所示。在弹出的【创建新的多线样式】对话框中，【新样式名】输入"wall"，单击【继续】按钮。如图 8-37 所示。

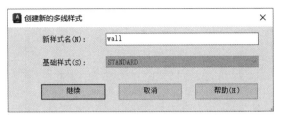

图 8-37　【创建新的多线样式】对话框

图 8-36　【多线样式】对话框

步骤 4：在弹出的【修改多线样式：WALL】对话框中，勾选直线的【起点】和【端点】复选框，在【图元】选项区域中，单击【添加】，更改【偏移】的数值-120 和 120，单击【确定】按钮。如图 8-38 所示。返回到上层对话框，单击【置为当前】和【确定】按钮。

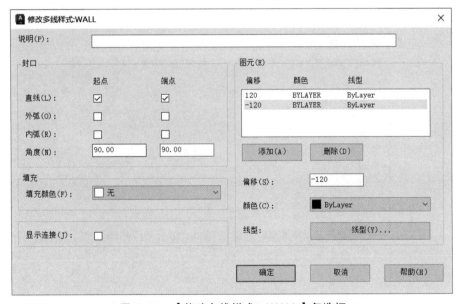

图 8-38　【修改多线样式：WALL】复选框

步骤 5：单击【图层特性】按钮，新建图层"wall"，将该图层置为当前图层。执行【绘图】-【多线】命令，根据命令行提示，执行【对正】命令"J"，对正类型设置为"无"，执行【比例】命令"S"，多线比例设为"1"，绘制墙体。再次执行【多线样式】命令，设置偏移为-250 和 250，置为当前，绘制墙柱结构，执行【复制】命令，进行复制移动，如图8-39 所示。

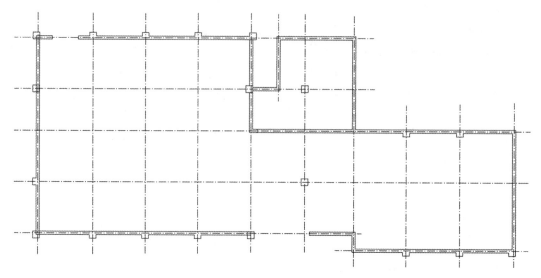

图 8-39　绘制墙与墙柱

步骤 6：在菜单栏上点击【修改】，然后执行【对象】-【多线】命令，弹出【多线编辑工具】对话框，如图 8-40 所示，选择相应工具，在绘图区选择相交的多线，即可将多线修剪，使得墙体连贯。

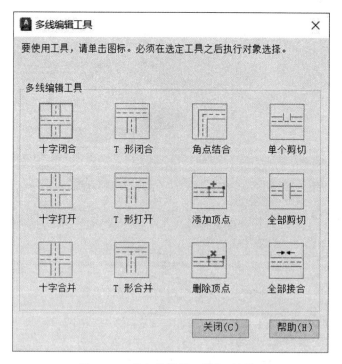

图 8-40　【多线编辑工具】对话框

步骤 7：新建图层名为"door"，修改颜色为黄色，置为当前图层，执行【直线】命令，在门的开口计划绘制直线，并执行【修改】-【打断】命令，删除交叉的多余线条。如图 8-

41 所示。

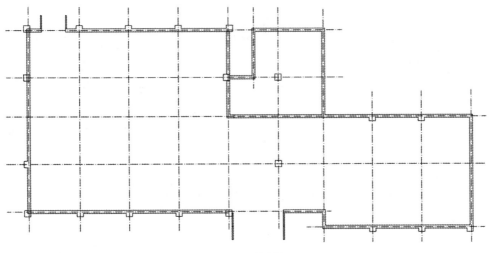

图 8-41　绘制门

步骤 8：新建图层，名为 "window"，修改颜色为黄色，置为当前图层，执行【多线样式】命令，修改偏移量分别为-120、-40、40、120，置为当前，绘制窗户。再次新建图层名为 "glass"，修改颜色为蓝色，置为当前图层，执行【直线】命令，绘制玻璃幕墙，如图 8-42 所示。

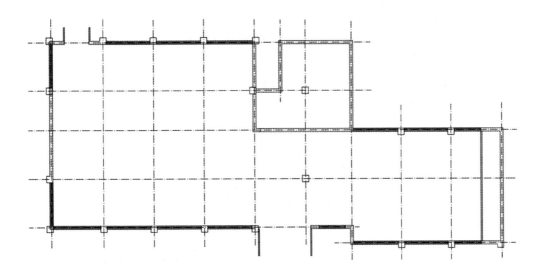

图 8-42　绘制窗和玻璃幕墙

步骤 9：新建图层，名为 "标注"，修改颜色为绿色，置为当前图层。执行【标注】-【标注样式】命令，在弹出的【标注样式管理器】对话框中单击【修改】按钮，如图 8-43 所示，在新弹出的【修改标注样式】对话框中进行参数设置，如图 8-44 所示。

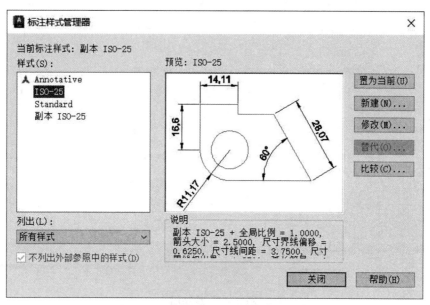

图 8-43 【标注样式管理器】对话框

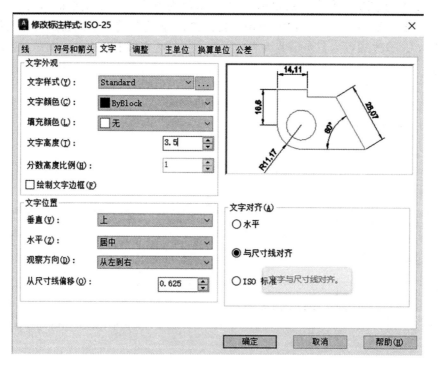

图 8-44 【修改标注样式】对话框

步骤 10：单击【确定】按钮，返回上级对话框，单击【置为当前】和【关闭】按钮。在标注工具栏选择【线性】和【连续】命令，对原始结构图进行标注。如图 8-45 所示。

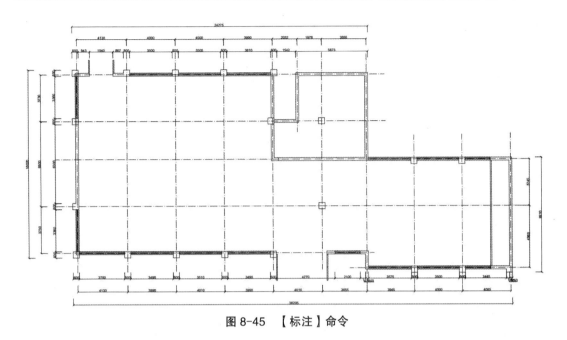

图 8-45 【标注】命令

步骤 11：将轴线图层关闭。执行【单行文字】命令，添加图名，完成原始结构图的绘制，如图 8-46 所示。

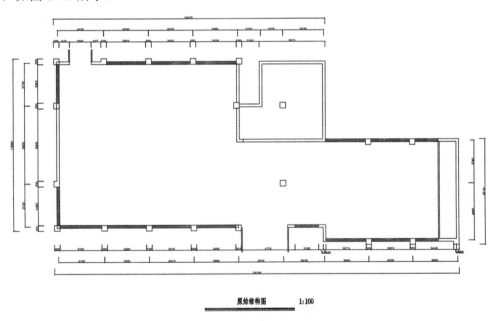

原始结构图 1:100

图 8-46 咖啡馆原始结构图

2. 绘制平面布置图

要绘制咖啡厅平面布置图，需先新建相关图层，再用不同绘图工具绘制里面的家具。

步骤 1：在【原始结构图】图纸中继续绘制，执行【复制】命令，将原始户型进行复制。新建图层，名为"家具"，颜色改为 253 灰色，置为当前图层。

步骤 2：执行【矩形】、【直线】、【圆】、【偏移】命令绘制前台水吧的柜子和水池造型，执行【修剪】、【圆角】命令，对多余线条进行删除，给图形添加圆角，如图 8-47 所示。

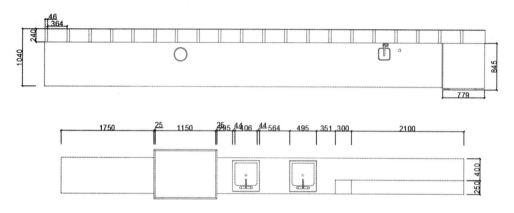

图 8-47　绘制水吧造型

步骤 3：执行【直线】、【矩形】和【偏移】命令，绘制文创售卖的书架造型。框选书架，执行【复制】命令，指定【位移】2500，沿 X 轴复制一次；再次框选两个书架，执行【复制】命令，沿 Y 轴复制三次，命令行三次分别输入 2500、5000、7500。效果如图 8-48 所示。

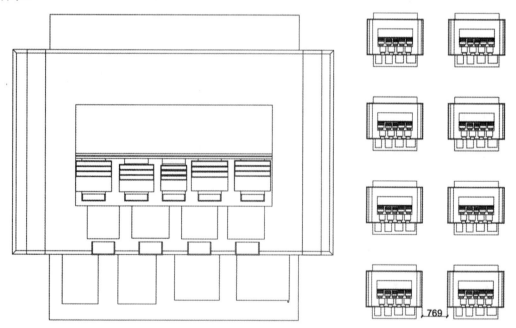

图 8-48　绘制书架造型

步骤 4：绘制阅读区的环形书架，执行【圆】命令，绘制同一圆心的 6 个椭圆，半径分别为 368、583、1005、1324、1896、2215。如图 8-49 所示。

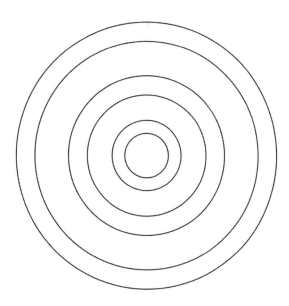

图 8-49 绘制圆环

步骤 5：绘制两个矩形，执行【矩形】命令，绘制两个矩形，宽分别是 180 和 60，长分别是 2470 和 1960。选中两个矩形，执行【移动】命令，移动到圆心的延长线上且外矩形两个顶点在内圆上，如图 8-50 所示。

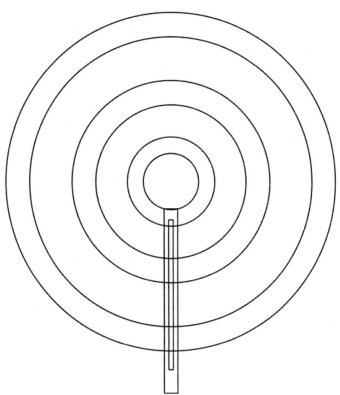

图 8-50 绘制矩形

步骤 6：在矩形还是选中的状态，执行【旋转】命令，指定圆心为旋转基点，命令行输入 "C" 进行复制命令，单击空格键，指定旋转角度为 36° 进行旋转，单击空格键；重复以上操作复制旋转 9 次，并对多余部分进行修剪。如图 8-51 所示。

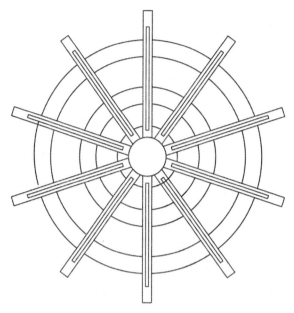

图 8-51　执行【旋转】命令

步骤 7：执行【直线】命令，从中心点出发，画两条直线。框选环形书架，执行【修剪】命令，将重叠多余的线条删掉。效果如图 8-52 所示。

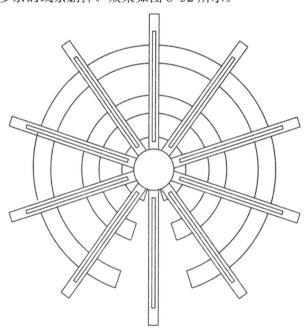

图 8-52　阅读区书架

步骤 8：框选阅读区书架，执行【复制】命令，指定基点，沿 Y 轴复制。绘制收银台，执行【矩形】命令，指定长、宽分别为 1760、150，绘制两个矩形。如图 8-53 所示。

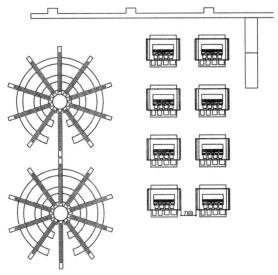

图 8-53 执行【复制】命令

步骤 9：绘制沙发。新建图层名为"辅助线"，颜色改为红色，置为当前图层，执行【直线】命令，绘制沙发辅助线。如图 8-54 所示。

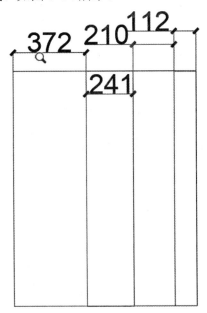

图 8-54 绘制辅助线

步骤 10：将"家具"图层置为当前图层，执行【直线】、【样条曲线】和【圆角】命令，绘制沙发一半造型。如图 8-55 所示。

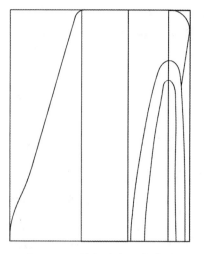

图 8-55　绘制沙发一半造型

步骤 11：执行【镜像】命令，补全沙发完整造型，框选沙发局部线条可微调造型的流畅度。将辅助线图层关闭。如图 8-56 所示。

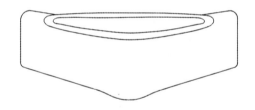

图 8-56　沙发造型

步骤 12：框选沙发，执行【复制】、【旋转】、【移动】命令，将沙发摆放到如图 8-57 所示的合适位置。

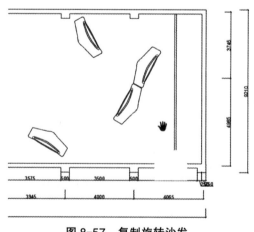

图 8-57　复制旋转沙发

步骤 13：执行【圆】命令，绘制半径为 550 的小茶几，执行【复制】命令，摆放到合适位置，如图 8-58 所示。

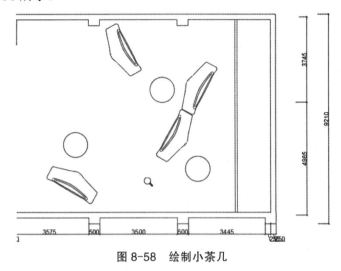

图 8-58　绘制小茶几

步骤 14：执行【插入（I）】-【块选项板（B）】命令，系统会弹出【块】面板，如图 8-59 所示，单击　　按钮，弹出【选择要插入的文件】对话框，如图 8-60 所示，选择【装饰树】、【盆栽】文件，随后在【块】面板选项区域设置参数，在绘图区指定基点插入，如图 8-61 所示。

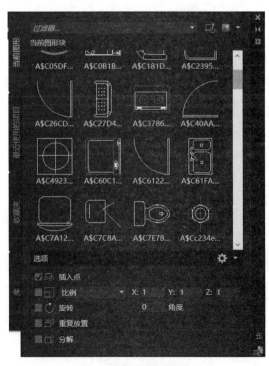

图 8-59　【块】面板

图 8-60　【选择要插入的文件】对话框

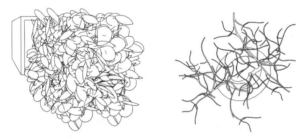

图 8-61　插入块

步骤 15：框选盆栽，执行【复制】命令，将盆栽布置到合适位置。执行【单行文字】命令，添加图名，完成平面布置图的绘制，如图 8-62 所示。

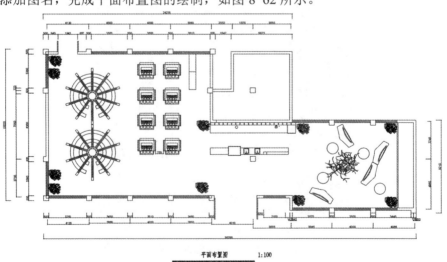

平面布置图　　　　1:100

图 8-62　咖啡馆平面布置图

【拓展练习】

1. 根据所学知识，灵活运用不同工具命令，绘制如图 8-63 所示户型图。

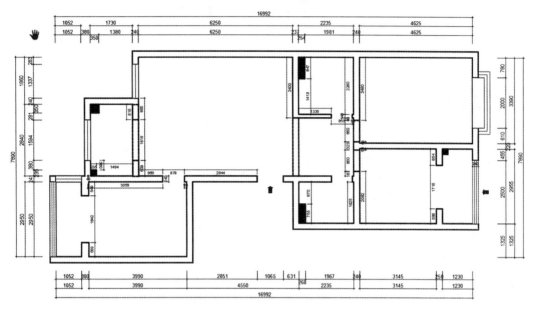

图 8-63　户型图

2. 根据所学知识，灵活运用不同工具命令，绘制如图 8-64 所示平面布置图。

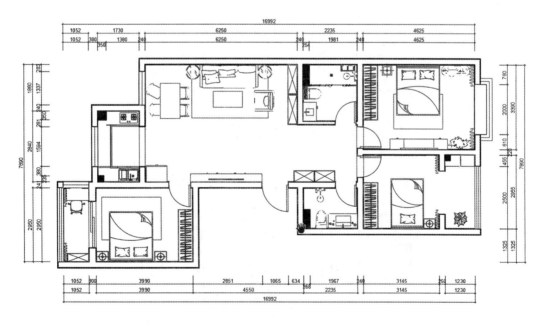

图 8-64　平面布置图

项目九　家装案例

【学习目标】

● 在理论基础上，提高动手能力，绘制图纸。
● 掌握一定的施工知识和材料知识。
● 培养自主创新意识，设计元素是变幻无穷的线条和曲面，在符合现代审美观念和生活实际的前提下，具有独特风格的造型设计才是优秀的。

【项目综述】

本项目主要介绍室内家具的陈设与立面图的绘制方法。

【任务简介】

1. 任务要求与效果展示

运用绘图工具绘制家具、户型图、平面图等，要求符合人体工程学并进行创意设计。如图 9-1、图 9-2 所示。

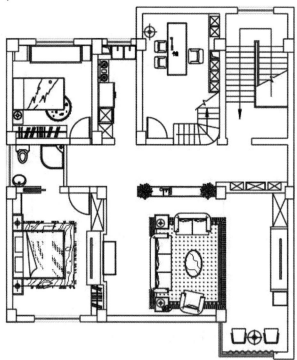

图 9-1　效果图（1）

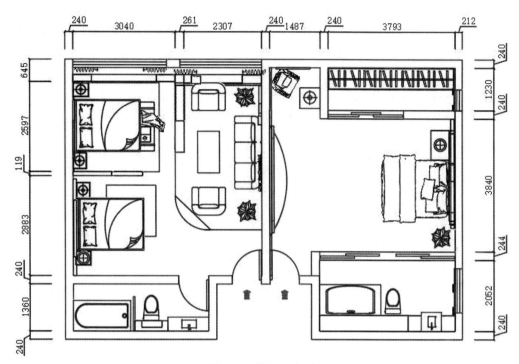

图 9-2　效果图（2）

2. 知识技能目标

掌握测绘的知识与技能，能做好现场实测记录，为设计方案搜集资料。

【任务实施】

任务子模块 1
家具绘制

党的二十大报告中提到要推动战略性新兴产业融合集群发展，构建新一代信息技术、高端装备、绿色环保等一批新的增长引擎；构建优质高效的服务业新体系，推动现代服务业同先进制造业等，打造具有国际竞争力的数字产业集群。

家具是室内设计中非常重要的组成部分，能反映空间布局以及整个家装风格。设计者在绘制家具时要想到所用材料以及它的用途。本章通过介绍各种家具的绘制方法，用户可以熟练运用这些命令操作进行室内家具设计，制作优质的家装方案。

【重点和难点】

熟练掌握 CAD 制图软件常用的快捷键，熟悉人体工程学在家具绘制中的应用。

能够使用简单的线条绘制出家具图纸，熟知常用板材和木材的规格用料，准确绘制家具部件尺寸，避免材料浪费。灵活使用修改工具进行图纸的修改。

一、绘制常用家具平面图

在绘制室内施工图过程中，常常需要绘制家具、洁具和厨具等各种设施，以便能更真实地表达设计效果。本项目将详细讲解在室内装饰设计中一些常见的家具及电器设施平面图例的绘制方法。如沙发组、餐桌和椅子、梳妆台及椅子、钢琴、床及床头柜、洗衣机、浴缸、淋浴房、洗脸盆、坐便器、便池、煤气灶和地花等。读者在绘制的过程中，可以充分了解一些常用家具和电器的结构和尺寸，如表 9-1 所示，为后面的学习打下坚实的基础。

表 9-1   常用家具尺寸

类别	名称	常见宽度/深度（mm）	常见长度（mm）
卧室	双人床	宽 1500，1800	2000，2100
	单人床	宽 1200，1050	2000，1900
	衣柜	深 600，550	——
	床头柜	450×350，600×400	
	书桌	深 600	——
	电视柜	深 450—600	
	矮柜	深 350—450	
		柜门宽 300—600	
客厅	电视柜	深 600	
	沙发	深 700—1200	
餐厅	餐桌	宽 750—1600	
	座椅	深 600	
厨房	操作台	深 600	
卫生间	淋浴间	750*750	
	浴缸	600 以上	
	马桶	行为所需空间宽度 600	
	洗手池	深 450 以上	
	单股人流通道宽度 550		

1. 绘制洗手池

步骤 1：打开 AutoCAD 2023，新建文件。执行【开始】-【新建】命令，创建新文件。

步骤 2：执行【绘图】-【矩形】命令，绘制洗手池外形轮廓，如图 9-3 所示。

命令：RECTANG
指定第一个角点或[倒角(C)/标高(E)/圆角(F)/厚度(T)/宽度(W)]：//在绘图区任取一点
指定另一个角点或[尺寸(D)]：1000，550

步骤 3：重置世界坐标，输入 UCS 命令，按 Enter 键确认，鼠标拾取绘制的洗手池左下角为坐标原点。

步骤 4：执行【绘图】-【矩形】命令，绘制洗手池内部轮廓线，如图 9-4 所示。

命令：RECTANG
指定第一个角点或[倒角(C)/标高(E)/圆角(F)/厚度(T)/宽度(W)]：50，25
指定另一个角点或[尺寸(D)]：900，500

图 9-3　外形轮廓

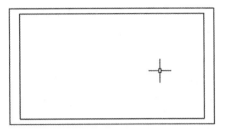

图 9-4　内部轮廓线

步骤 5：执行【修改】-【圆角】命令，修剪洗手池内部轮廓线，如图 9-5 所示。

命令：FILLET

当前设置：模式 = 修剪，半径 0.0000

选择第 1 个对象或[放弃(U)多段线(P)/ 半径(R)/修剪(T)/多个(M)]：R

指定圆角半径<0.0000>：60

选择第 1 个对象或[放弃(U)多段线(P)/ 半径(R)/修剪(T)/多个(M)]：M

选择第 1 个对象或[放弃(U)多段线(P)/ 半径(R)/修剪(T)/多个(M)]：

选择第 2 个对象，或按住 Shift 键选择对象以应用角点或[半径(R)]：

选择第 1 个对象或[放弃(U)多段线(P)/ 半径(R)/修剪(T)/多个(M)]：

选择第 2 个对象，或按住 Shift 键选择对象以应用角点或[半径(R)]：

选择第 1 个对象或[放弃(U)多段线(P)/ 半径(R)/修剪(T)/多个(M)]：

选择第 2 个对象，或按住 Shift 键选择对象以应用角点或[半径(R)]：

选择第 1 个对象或[放弃(U)多段线(P)/ 半径(R)/修剪(T)/多个(M)]：

选择第 2 个对象，或按住 Shift 键选择对象以应用角点或[半径(R)]：

步骤 6：执行【绘图】-【椭圆】命令，绘制如图 9-6 所示的图案。

图 9-5　圆角修剪

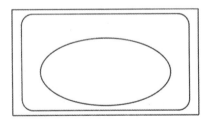

图 9-6　绘制水槽内部边界

命令：ELLIPSE

指定椭圆的轴端点或[圆(A)/中心点(C)]：C

指定椭圆的中心点：500，225

指定轴的端点：-350，0

指定另一条半轴长度或[旋转(R)]：175

步骤 7：执行【修改】–【偏移】命令，将椭圆向里偏移 25mm，绘制洗手池内部图案。

命令：OFFSET
指定偏移距离或[通过(T)/删除(E)/图层(L)]<通过>：25
选择要偏移的对象，或[退出(E)/放弃(U)]<退出>：
指定要偏移的那一侧上的点，或[退出(E)/多个(M)/放弃(U)]<退出>：

步骤 8：执行【绘图】–【矩形】命令，绘制左上角盒槽及水龙头，使用【修改】–【倒角】命令，修剪盒槽。选择【绘图】–【圆】命令，绘制下水口，如图 9-7 所示。

命令：RECTANG
指定第一个角点或[倒角(C)/标高(E)/圆角(F)/厚度(T)/宽度(W)]：//内部取一合适角点
指定另一个角点或[尺寸(D)]：150，-80
命令 CHAMFER
选择第一条直线或[放弃(U)/多段线(P)/距离(D)/角度(A)/修剪(T)/方式(E)/多个(M)]：D
指定第一个倒角距离<0.0000>：15
指定第二个倒角距离<15.0000>
选择第一条直线或[放弃(U)/多段线(P)/距离(D)/角度(A)/修剪(T)/方式(E)/多个(M)]：M
命令：RECTANG
指定第一个角点或[倒角(C)/标高(E)/圆角(F)/厚度(T)/宽度(W)]：485，455
指定另一个角点或[尺寸(D)]：30，-100

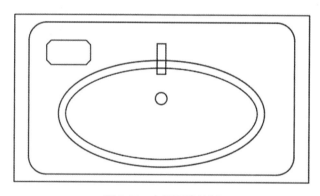

图 9-7　内部图案绘制

步骤 9：选择【修改】–【修剪】命令，对水龙头与洗手池轮廓线相交部分进行修剪，完成最终绘制，效果如图 9-8 所示。

命令：TRIM
选择要修剪的对象，或按住 Shift 键选择要延伸的对象，或
[剪切边(T)/窗交(C)/模式(O)/投影(P)/删除(R)/放弃(U)]：

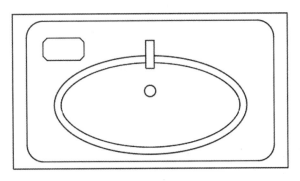

图 9-8　最终修剪效果

2. 绘制八角窗

所谓八角窗指的是窗户与窗户之间会有一个角度，如果全部组合起来就像八角形的形状。八角窗实际上指的是窗户与窗户之间有不规则的角度。

八角窗美观，可以作为阳台飘窗景观窗。根据家居的不同空间，选择不同的窗户造型混搭使用，可获得较好的效果。

步骤 1：执行【绘图】-【直线】命令，把承重墙边线连接。执行【修改】-【偏移】命令，将连线向外偏移 1950mm，绘制八角窗最宽边线，再向外偏移 335mm，绘制八角窗的厚度。如图 9-9 所示。

```
命令：LINE
指定第一个点：
指定下一个点或[放弃(U)]：
命令：OFFSET
指定偏移距离或[通过(T)/删除(E)/图层(L)]<0>：1950
选择要偏移的对象，或[退出(E)/放弃(U)]<退出>：
选择要偏移的那一侧上的点，或[退出(E)/多个(M)/放弃(U)]<退出>：
选择要偏移的对象，或[退出(E)/放弃(U)]<退出>：
选择要偏移的那一侧上的点，或[退出(E)/多个(M)/放弃(U)]<退出>：335
```

步骤 2：执行【绘制】-【直线】命令，绘制连线的中线，执行【修改】-【偏移】命令，将其向两侧分别偏移 1310mm，确定八角窗的另外两条边，再将其向外偏移 335mm。如图 9-10 所示。

```
命令：LINE
指定第一个点：
指定下一个点或[放弃(U)]：
命令：OFFSET
指定偏移距离或[通过(T)/删除(E)/图层(L)]<0>：1310
选择要偏移的对象，或[退出(E)/放弃(U)]<退出>：
选择要偏移的那一侧上的点，或[退出(E)/多个(M)/放弃(U)]<退出>：
选择要偏移的对象，或[退出(E)/放弃(U)]<退出>：
选择要偏移的那一侧上的点，或[退出(E)/多个(M)/放弃(U)]<退出>：335
```

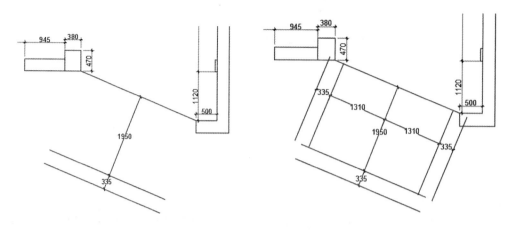

图 9-9　绘制窗体厚度　　　　　　图 9-10　定位八角窗外廓

步骤 3：将与墙体的连线向外偏移 1251mm，与绘制的中线垂直，再将中线其向两侧偏移 580mm，确定八角窗的另外两条边线。

步骤 4：将绘制的两条边线连接，执行【修改】-【偏移】命令，向外偏移 335mm，绘制八角窗转角厚度，如图 9-11 所示。

步骤 5：执行【修改】-【修剪】命令，将多余线段修剪掉。执行【修改】-【延伸】命令，将八角窗转角封闭。效果如图 9-12 所示。

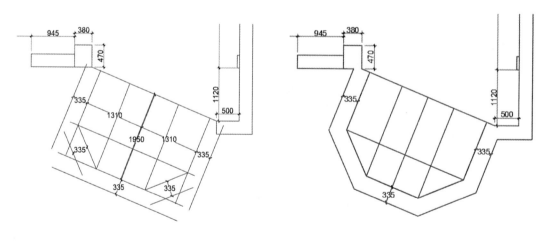

图 9-11　绘制八角窗转角厚度　　　　　　图 9-12　八角窗闭合封口

步骤 6：执行【绘图】-【直线】命令，绘制八角窗墙体每条边的中线。执行【修改】-【偏移】命令，将每边中线向两侧偏移 320mm，最后删除多余的中线，效果如图 9-13 所示。

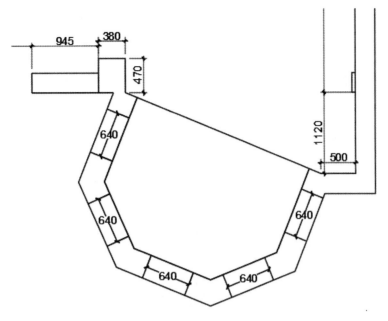

图 9-13　绘制窗框位置

步骤 7：执行【绘图】-【直线】命令，在绘制好的八角窗墙体中绘制中线，并向两侧偏移 20mm，绘制墙体中的玻璃位置，将颜色【特性】改为"黑色"，删除墙体的中线。八角窗最终绘制效果如图 9-14 所示。

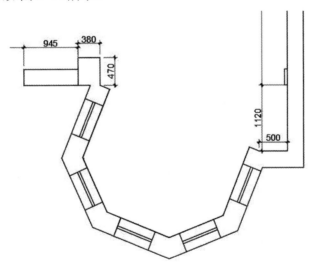

图 9-14　八角窗最终效果图

3. 绘制门

步骤 1：执行【绘图】-【矩形】命令，绘制一个长 7000mm、宽 5000mm 的矩形，执行【修改】-【偏移】命令，向外侧偏移 320mm，绘制矩形空间。如图 9-15 所示。

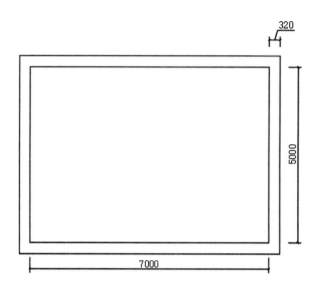

图 9-15　绘制矩形空间

步骤 2：再次执行【矩形】命令，绘制一个长 800mm、宽 50mm 的门框矩形。

步骤 3：执行【多段线】命令，绘制一条与矩形同长的直线，如图 9-16 所示。

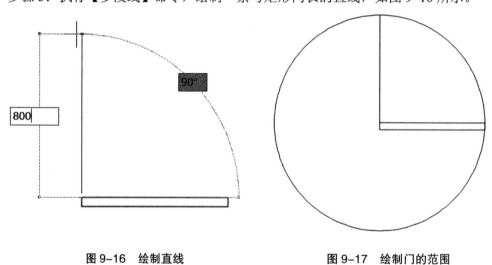

图 9-16　绘制直线　　　　　　　**图 9-17　绘制门的范围**

步骤 4：执行【绘图】-【圆弧】命令，绘制以直线长度为半径的圆弧，画出门的活动范围，如图 9-17 所示。

步骤 5：使用【修剪】命令，完善门的绘制，门的最终效果如图 9-18 所示。

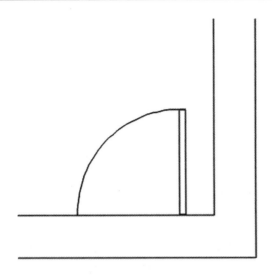

图 9-18 门的绘制效果图

4. 绘制沙发组合

沙发已是许多家庭必需的家具。沙发一般有低背沙发、高背沙发和介于前两者之间的普通沙发三种。接下来学习沙发的绘制。

步骤 1：执行【绘图】-【矩形】命令，绘制单个沙发造型。绘制尺寸为 150×850mm，半径为 55mm 的圆角矩形，如图 9-19 所示。

命令：RECTANG
指定第一个角点或[倒角(C)/标高(E)/圆角(F)/厚度(T)/宽度(W)]：F
指定矩形的圆角半径<0.0000>：55
指定第一个角点或[倒角(C)/标高(E)/圆角(F)/厚度(T)/宽度(W)]：150，850

步骤 2：重复执行上述方法,绘制沙发两边的扶手。尺寸为 750×150mm,半径仍为 55mm 的圆角矩形。可使用【修改】-【复制】命令，复制另一条扶手。使用【修改】-【镜像】命令也可达到同样效果，最后执行【对象捕捉】命令，将扶手与靠背对齐，如图 9-20 所示。

命令：RECTANG
当前矩形模式：圆角=55.0000
指定第一个角点或[倒角(C)/标高(E)/圆角(F)/厚度(T)/宽度(W)]：
指定第一个角点或[面积(A)/尺寸(D)/旋转(R)]：@750，150
命令：COPY
选择对象：找到一个
当前设置：复制模式=多个
指定基点或[位移(D)/模式(O)]<位移>：
指定第二个点或[阵列(A)/退出(E)/放弃(U)]<退出>：*取消*

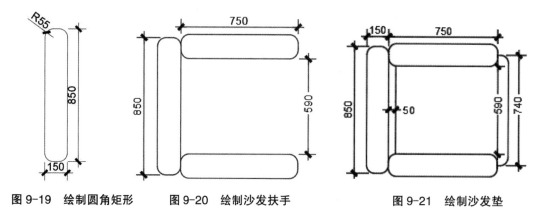

图 9-19　绘制圆角矩形　　　图 9-20　绘制沙发扶手　　　图 9-21　绘制沙发垫

步骤 3：执行【绘图】-【矩形】命令，绘制沙发垫。尺寸为两扶手的内径，150×740mm。沙发垫与靠背之间要留点空隙，尺寸为 50mm，如图 9-21 所示。

步骤 4：执行【标注】-【线性】-【半径】命令，将尺寸标注完善，让客户更直观地感受到实际的效果。

步骤 5：使用同样的方法绘制多人沙发造型。效果如图 9-22 所示。

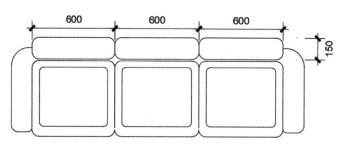

图 9-22　三人沙发造型

步骤 6：执行【绘图】-【矩形】命令，绘制台桌，尺寸为 1000×600mm。执行【修改】-【偏移】命令，向外偏移 100mm，在矩形内部绘制装饰图案。如图 9-23 所示。

步骤 7：重复操作，绘制一个 2870×2265mm 的地毯。执行【绘图】-【图案填充】命令填充，或在命令行输入 HATCH，选择 AR-SAND 样式，添加拾取点，使效果更直观。

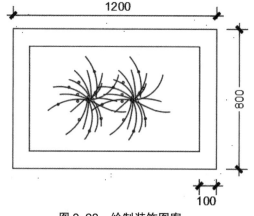

图 9-23　绘制装饰图案

步骤8：执行【绘图】-【直线】命令，绘制地毯毛线边缘，执行【修改】-【偏移】及【旋转】命令，进行完善，效果如图9-24所示。

图9-24　沙发地毯绘制

步骤9：执行【绘图】-【矩形】命令，绘制边长为500mm的矩形。执行【绘图】-【圆】命令，绘制一个半径为150mm的圆。执行【绘图】-【直线】命令，绘制如图9-25所示的台灯。

步骤10：沙发一般都是以组出现的，所以绘制完成后可以将其打成"组"/"块"，最终效果如图9-26所示。

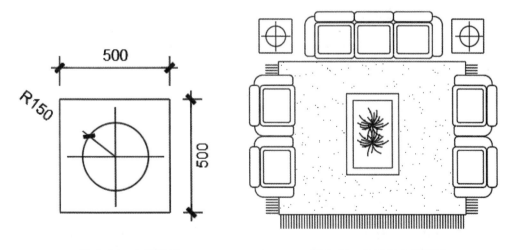

图9-25　台灯绘制　　　　　　　图9-26　沙发组合效果图

5. 绘制沙发背景墙

步骤1：执行【矩形】命令，绘制一个长1350mm、宽450mm的矩形，执行【分解】命令，对矩形进行分解，如图9-27所示。

步骤2：执行【绘图】-【点】-【定数等分】命令，将矩形等分为3份。执行【直线】命令，绘制等分线，制作沙发靠背，如图9-28所示。

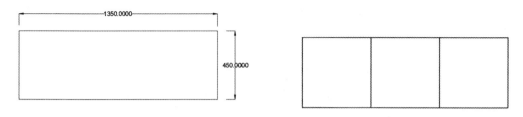

图 9-27 矩形分解   **图 9-28 等分矩形**

步骤 3：执行【矩形】命令，绘制一个长 400mm、宽 150mm 的矩形，制作沙发扶手。执行【修改】-【镜像】命令，将沙发扶手镜像到右侧。执行【矩形】命令，绘制两个长 1350mm、宽 125mm 的矩形，制作沙发垫，如图 9-29 所示。

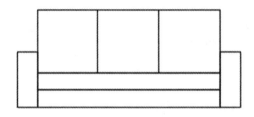

图 9-29 绘制沙发垫

步骤 4：执行【多段线】命令，绘制沙发的边缘修饰。执行【矩形】命令，绘制长 120mm、宽 40mm 的矩形，制作沙发腿，打开【对象捕捉】命令，将沙发腿与旁侧扶手居中对齐。使用【复制】命令或【镜像】命令，绘制另一边，如图 9-30 所示。

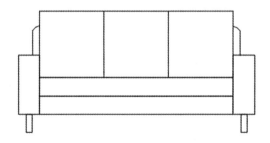

图 9-30 绘制沙发的边缘修饰

步骤 5：执行【偏移】命令，将沙发靠背直线向两侧偏移 5mm。执行【圆角】命令，将沙发边角进行圆角化，圆角半径参数设置为 60mm。执行【直线】命令，将图形进行完善，删除多余线条，如图 9-31 所示。

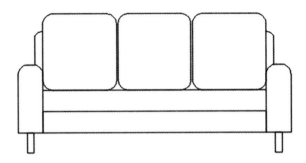

图 9-31　圆角化

步骤 6：绘制沙发侧立面图，执行【矩形】命令，绘制 550×210mm、410×650mm 的矩形，如图 9-32 所示。

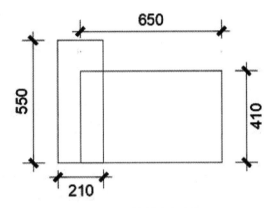

图 9-32　绘制沙发立面

步骤 7：执行【矩形】命令，绘制尺寸为 120×40mm 的矩形，制作沙发腿。执行【修剪】命令，修剪绘制的沙发立面。

步骤 8：执行【修改】-【分解】命令，将绘制的矩形分解。执行【偏移】命令，完善沙发扶手，如图 9-33 所示。

步骤 9：执行【修改】-【圆角】命令，设置圆角半径为 60mm。执行【偏移】命令，绘制沙发坐垫，设置圆角半径为 35mm，如图 9-34 所示。

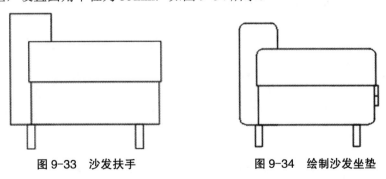

图 9-33　沙发扶手　　　　　　　　图 9-34　绘制沙发坐垫

步骤 10：插入沙发陈设品。执行【制作图块】命令，布置沙发背景墙。

步骤 11：绘制沙发背景墙。执行【直线】命令，绘制地平线。执行【偏移】命令，将地平线向上偏移 2800mm，效果如图 9-35 所示。

图 9-35　效果图展示

6. 绘制坐便器

步骤 1：执行【绘图】-【椭圆】命令，绘制一个水平半轴 180mm、垂直半轴 250mm 的椭圆。执行【修改】-【偏移】命令，将椭圆向内偏移 20mm，如图 9-36 所示。

```
命令：ELLIPSE
指定椭圆的轴端点或[圆弧(A)中心点(C)]：C
指定椭圆的中心点：
指定轴的端点：250
指定另一条半轴长度或[旋转(R)]：180
```

步骤 2：执行【绘图】-【矩形】命令，绘制 500×230mm 的直角矩形。执行【偏移】命令，将矩形向内偏移 30mm，如图 9-37 所示。

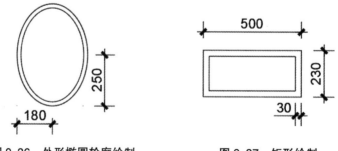

图 9-36　外形椭圆轮廓绘制　　　　　图 9-37　矩形绘制

步骤 3：执行【修改】-【圆角】命令，根据系统命令行提示，设置半径参数为 50mm，对矩形直角边执行【圆角】命令，重复命令，对内部偏移的矩形也执行【圆角】命令，设置半径参数为30mm，如图9-38所示。

命令：FILLET
当前设置：模式=修剪，半径=0.0000
选择第一个对象或[放弃(U)/多段线(P)/半径(R)/修剪(T)/多个(M)]：R
指定圆角半径<0.0000>：50
选择第一个对象或[放弃(U)/多段线(P)/半径(R)/修剪(T)/多个(M)]
选择第二个对象，或按住 Shift 键选择对象以应用角点或[半径(R)]：
当前设置：模式=修剪，半径=50.0000
选择第一个对象或[放弃(U)/多段线(P)/半径(R)/修剪(T)/多个(M)]：r
指定圆角半径<50.0000>：30
选择第一个对象或[放弃(U)/多段线(P)/半径(R)/修剪(T)/多个(M)]
选择第二个对象，或按住 Shift 键选择对象以应用角点或[半径(R)]：

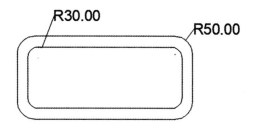

图 9-38　圆角修改

步骤4：执行【移动】命令，选择已绘制的椭圆轮廓，单击 F3 按键，打开【对象捕捉模式】，捕捉椭圆上的象限点为基点。如图9-39所示。

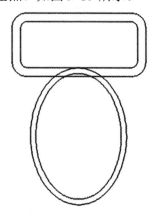

图 9-39　捕捉对象

步骤5：执行【修改】-【修剪】命令，修剪椭圆和矩形相交的椭圆线条。

步骤6：执行【绘图】-【圆弧】-【三点】命令，在上述已绘制的矩形左下方圆角端点和椭圆上的一点绘制一个弧线。执行【修改】-【修剪】命令，将多余的弧线修剪，再执行

【镜像】命令，将绘制的弧线镜像到右侧，如图 9-40 所示。

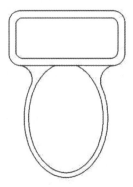

图 9-40　弧线修整

命令：ARC
指定圆弧的起点或[圆心(C)]:
指定圆弧的第二个点或[圆心(C)/端点(E)]:
指定圆弧的端点:
命令：MIRROR
选择对象：找到一个
选择对象：指定镜像线的第一点:
指定镜像线的第二点:
要删除源对象吗？[是(Y)/否(N)]<否>：N

步骤 7：执行【矩形】命令，绘制一个长 140mm、宽 46mm 的矩形。执行【直线】命令，绘制一条平分矩形的直线，如图 9-41 所示。

步骤 8：执行【修剪】命令，修剪多余线条，最终效果如图 9-42 所示。

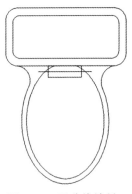

图 9-41　平分线绘制

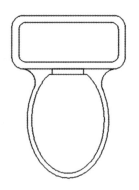

图 9-42　效果图展示

7. 绘制煤气灶

步骤 1：执行【格式】-【图层】命令，打开【图层特性管理器】面板，新建【电气】图层，点击【置为当前】按钮，设置为当前使用的图层。如图 9-43 所示。

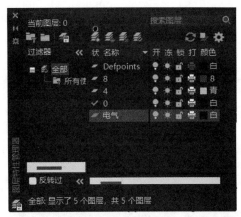

图 9-43　新建电气图层

步骤 2：点击【矩形】命令，绘制一个 860×430mm 的直角矩形，执行【修改】-【分解】命令，将矩形拆分打散，将底边向上偏移 80mm，如图 9-44 所示。

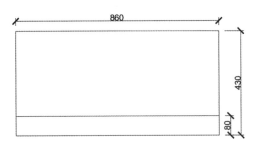

图 9-44　拆分矩形并线条移动

步骤 3：执行【圆】命令，绘制同心圆。圆半径分别为 25mm、35mm、55mm、110mm、130mm，如图 9-45 所示。

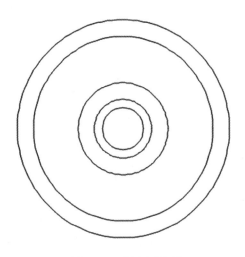

图 9-45　同心圆绘制

步骤 4：执行【矩形】命令，绘制尺寸为 15×72mm 的直角矩形。以同心圆圆心为坐标原点，执行【阵列】命令，【项目数】改为 4，如图 9-46 所示。将绘制的矩形通过【阵列】命令，四等分到环形中，如图 9-47 所示。

命令：ARRAY

选择对象：输入阵列类型[矩形(R)/路径(PA)/极轴(PO)]<矩形>：PO

类型=极轴 关联=是

指定阵列的中心点或[基点(B)/旋转轴(A)]：

选择夹点以编辑阵列或[关联(AS)/基点(B)/项目(I)项目间角度(A)/填充角度(F)/行(ROW)/层(L)旋转项目(ROT)/退出(X)]<退出>：

图 9-46   阵列属性栏

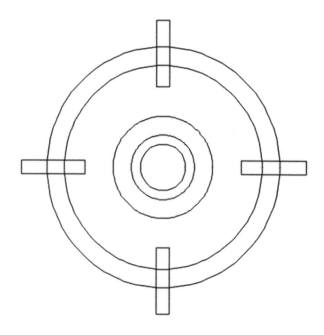

图 9-47   等分排列

步骤 5：执行【旋转】命令，或选中矩形和同心圆，鼠标右击【旋转】命令，将矩形和同心圆一同旋转 45°。

步骤 6：执行【圆】命令，绘制半径为 5mm 的圆，将其放入第一个圆环内，再次执行【阵列】命令，以同心圆的圆心为阵列中心，布满圆环，如图 9-48 所示。

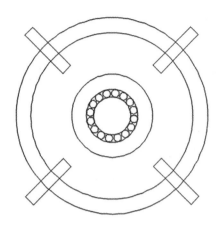

图 9-48　环形阵列等分

步骤 7：制作圆形开关。执行【圆】命令，绘制半径为 25mm 的圆，执行【矩形】命令，绘制尺寸为 12×60mm 的矩形，通过【修剪】命令，修剪矩形和圆。如图 9-49 所示。

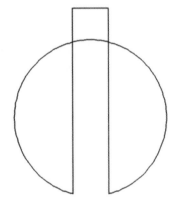

图 9-49　圆形开关绘制

步骤 8：通过【移动】命令，将图形移到适宜位置，使用【镜像】命令，将其完善，如图 9-50 所示。

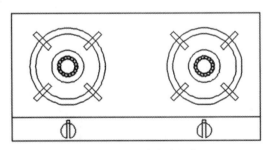

图 9-50　图形移动组合

步骤 9：使用【矩形】命令，在图形中绘制直角矩形，设置圆角半径为 25mm，尺寸大小为 110×180mm，最终效果如图 9-51 所示。

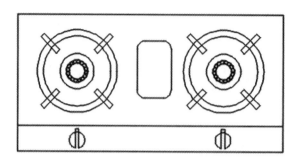

图 9-51　煤气灶效果图

8. 绘制洗衣机

步骤 1：执行【矩形】命令，绘制一个尺寸为 600×850mm 的矩形，如图 9-52 所示。

步骤 2：执行【修改】-【分解】命令及【偏移】命令，修改偏移参数为 20mm，将矩形底边偏移 4—5 次，绘制洗衣机底座，如图 9-53 所示。

步骤 3：执行【圆】命令，在适当位置绘制洗衣桶口，绘制三个半径分别为 120、135、183mm 的同心圆，如图 9-54 所示。

命令：RECTANG

指定第一个角点或[倒角(C)/标高(E)/圆角(F)/厚度(T)/宽度(W)]：

指定另一个角点或[面积(A)/尺寸(D)/旋转(R)]：@600，850

命令：EXPLODE

选择对象：找到一个

选择对象：

命令：OFFSET

指定偏移距离或[通过(T)/删除(E)/图层(L)]<0.0000>：20

选择要偏移的对象，或[退出(E)/放弃(U)]<退出>：

指定要偏移的那一侧上的点，或[退出(E)/多个(M)/放弃(U)]<退出>：

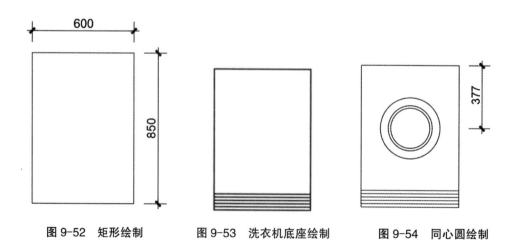

图 9-52　矩形绘制　　　　　图 9-53　洗衣机底座绘制　　　　　图 9-54　同心圆绘制

步骤4：执行【矩形】命令，绘制尺寸为75×60mm的矩形，设置圆角半径参数为20mm，执行【修剪】命令，对圆和圆角矩形相交的位置进行修剪。如图9-55所示。

步骤5：执行【直线】及【矩形】命令，绘制洗衣机其他外形图案，效果如图9-56所示。

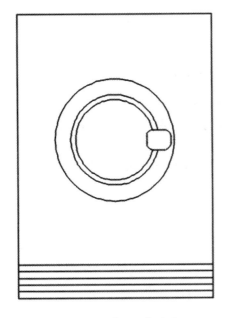
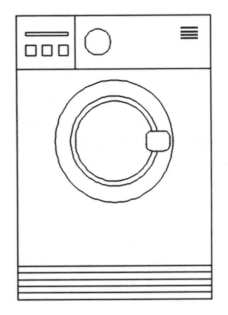

图9-55　【修剪】命令　　　　　　　　　　　图9-56　最终效果图

任务子模块2
施工设计与表达

在装修中绘制平面图是十分重要也是必不可少的。平面图是将一个立体三维的物体绘制成平面二维的平面图，以直观简洁、通俗易懂的方式呈现给客户。本节讲述如何快速绘制平面图及一些相关的知识。

【重点和难点】

根据基本的量房图绘制出户型图，能够自主地设计平面布置图及天花布置图等。

与客户沟通，实地测量房屋尺寸，运用前面所学知识绘制能够呈现给客户的平面图。

一、绘制户型墙体

步骤1：打开AutoCAD 2023软件，新建"户型图"文件。

步骤2：根据实地测量的量房图绘制出墙体的中心线。执行XL（构造线）命令绘制水平的构造线，按住空格键，重复XL（构造线）命令，绘制垂直的构造线，如图9-57所示。

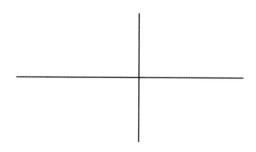

图 9-57 两条垂直的构造线

步骤 3：执行 XL（构造线）命令，输入 OFFSET 执行【偏移】命令，将水平方向的构造线按照量房图进行偏移，向上偏移 1180mm，向下分别偏移 3700mm、5500mm、10300mm，绘制水平构造线，如图 9-58 所示。

步骤 4：重复操作构造线命令，依次向右偏移 3300mm、5000mm、8200mm、10800mm，绘制垂直构造线，如图 9-59 所示。

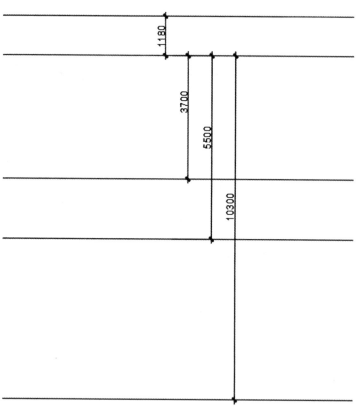

图 9-58 水平构造线

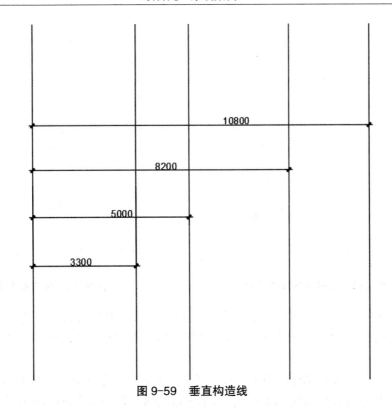

图 9-59　垂直构造线

步骤 5：命令行输入"MLSTYLE"，弹出【多线样式】对话框，如图 9-60 所示。新建多线样式，设置【新样式名】为"户型图墙位线"，单击【继续】按钮，如图 9-61 所示。

图 9-60　多线样式对话框

图 9-61　创建新的多线样式对话框

步骤 6：在打开的【新建多线样式：户型图墙位线】对话框中进行相关设置，设置墙体厚度为"240"，如图 9-62 所示。点击【确定】按钮，并将其置为当前。

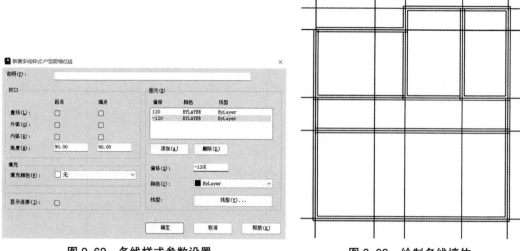

图 9-62　多线样式参数设置　　　　　　　　图 9-63　绘制多线墙体

步骤 7：根据建立的构造线，绘制墙体。命令行输入 MLINE 命令，输入 S 调整多线比例，设置多线比例为"1"，接着输入"J"，调整对正类型为"无"，绘制墙体。绘制效果如图 9-63 所示。

步骤 8：输入"MLEDIT"命令，打开【多线编辑工具】对话框，如图 9-64 所示。

步骤 9：单击要使用的图标【T 形打开】、【角点结合】，对绘制的墙体线进行编辑修改。最终效果如图 9-65 所示。

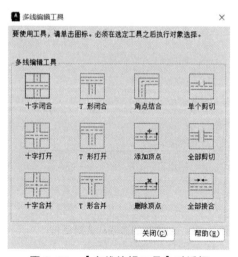

图 9-64　【多线编辑工具】对话框　　　　　图 9-65　墙体绘制效果

二、绘制原始结构图

施工图最基础的就是原始结构图，而原始结构图又是一整套施工图的框架，如果原始结构图错了，那么其他图也会有很大的误差。在绘制原始结构图之前，设计师需先到业主家进行量房，用笔和纸绘制出房屋的结构，这就是原始结构图。

量房结束后，设计师会在 AutoCAD 上，根据量房画的图绘制原始结构图，如图 9-66

所示。在量房时一定要标好尺寸，门洞、窗高、梁高、水管、烟管等都要一一备注好，如此在绘制原始结构图时更加准确。

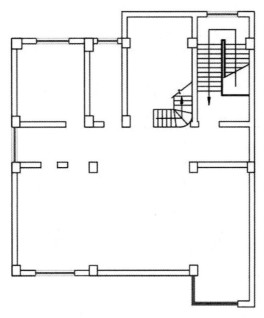

图 9-66　原始结构效果图

步骤 1：在绘制房屋原始结构图时，通常需要设计师先与客户沟通，实地测量房屋的尺寸，绘制量房图。

步骤 2：在 AutoCAD 2023 中打开已绘制的"户型图"文件，如图 9-67 所示。

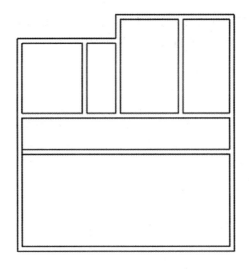

图 9-67　户型图墙体

步骤 3：执行【绘图】-【矩形】命令，绘制承重柱。重复此操作，根据图纸绘制其他承重柱，如图 9-68 所示。

命令：RECTANG

指定第一个角点或[倒角(C)/标高(E)/圆角(F)/厚度(T)/宽度(W)]：//在"户型图"绘图区任取一点

指定另一个角点或[尺寸(D)]：330，-330

重复此项操作，不再赘述。

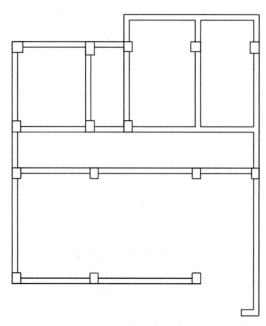

图 9-68　绘制承重柱

步骤 4：在图纸左上方执行【标注】-【线性】命令，标注尺寸为 661，执行【绘图】-【直线】命令，绘制与墙体垂直的直线，如图 9-69 所示。

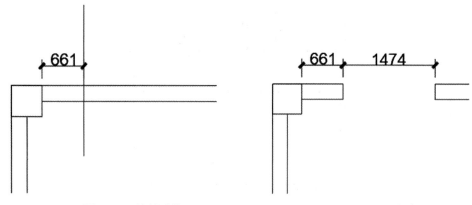

图 9-69　绘制垂线　　　　　　　图 9-70　预留窗口

步骤 5：执行【标注】-【线性】命令，标注尺寸为 1474，执行【修改】-【偏移】命令，将直线偏移 1474mm。执行【修改】-【修剪】命令，预留窗户位置，如图 9-70 所示。

步骤 6：重复以上步骤，预留门窗位置，如图 9-71 所示。

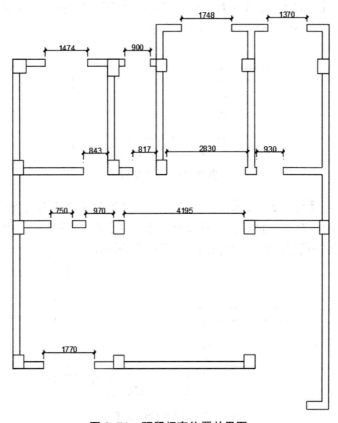

图 9-71　预留门窗位置效果图

步骤 7：执行【绘图】-【直线】命令，将预留的窗洞口连接起来，将其线条颜色在【特性】面板中设置为"青色"，绘制窗户的中线，如图 9-72 所示。

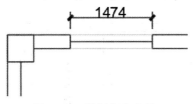

图 9-72　绘制窗户中线

步骤 8：执行【修改】-【偏移】命令，将绘制的窗户的中线分别向两侧偏移 20mm，将其线条颜色在【特性】面板中设置为"深绿"色，如图 9-73 所示。

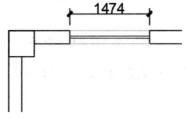

图 9-73　窗户绘制效果图

步骤 9：执行【绘图】-【直线】命令，将承重墙内墙线连接起来，测算飘窗的突出宽度为 1180mm，长度为 1960mm，如图 9-74 所示。

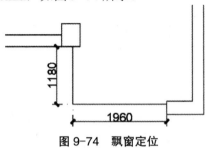

图 9-74　飘窗定位

步骤 10：执行【修改】-【偏移】命令，将偏移的两条直线再向外分别偏移 40mm、80mm、120mm，绘制飘窗窗框厚度，修改颜色【特性】为"深绿"色，执行【修改】-【圆角】命令，将相互垂直的直线对应连接，如图 9-75 所示。

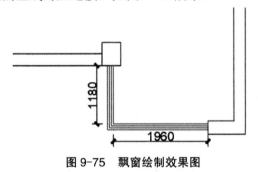

图 9-75　飘窗绘制效果图

步骤 11：执行【绘图】-【直线】命令，点击【正交】按钮，绘制楼梯的墙体与扶手，扶手宽度为 40mm，拐角间距为 80mm，如图 9-76 所示。

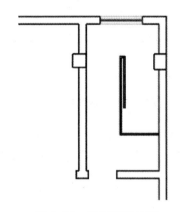

图 9-76　绘制楼梯扶手

步骤 12：执行【格式】-【点样式】-【"X"样式】命令，设置合适的点大小，点击【确定】按钮，如图 9-77 所示。

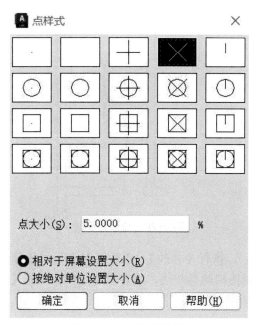

图 9-77　点样式选择

步骤 13：执行【绘图】-【点】-【定数等分】命令，以左边扶手的外面线段为对象，数目为 12，绘制等分点。如图 9-78 所示。

命令：DIVIDE
选择要定数等分的对象：
输入线段数目或[块(B)]：12

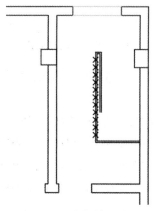

图 9-78　定数等分线段

步骤 14：执行【绘图】-【直线】命令，分别以等分点为起点，左边墙为终点，绘制水平线段。如图 9-79 所示。

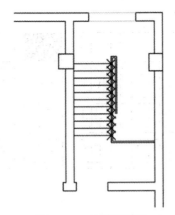

图 9-79　绘制楼梯线

步骤 15：绘制完成后，执行【修改】-【删除】命令，删除绘制的等分点。执行【修改】-【镜像】命令，绘制楼梯的另一边，或者重新绘制。执行【绘图】-【多段线】命令，绘制打断点。如图 9-80 所示。

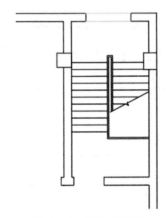

图 9-80　绘制打断点

步骤 16：执行【绘图】-【多段线】命令，绘制指向线。最终效果如图 9-81 所示。

命令：PLINE
指定下一个点或[圆弧(A)/半宽(H)/长度(L)/放弃(U)/宽度(W)]：
指定下一个点或[圆弧(A)/闭合(C)/半宽(H)/长度(L)/放弃(U)/宽度(W)]：
指定下一个点或[圆弧(A)/闭合(C)/半宽(H)/长度(L)/放弃(U)/宽度(W)]：
指定下一个点或[圆弧(A)/闭合(C)/半宽(H)/长度(L)/放弃(U)/宽度(W)]：W
指定起点宽度<0.0000>：100
指定端点宽度<60>：0
指定下一个点或[圆弧(A)/闭合(C)/半宽(H)/长度(L)/放弃(U)/宽度(W)]：L
指定直线的长度：350
按 Esc 键退出绘制命令

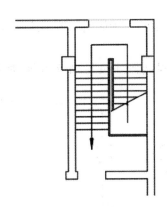

图 9-81 楼梯效果图

步骤 17：绘制完毕，下次绘制指定起点，输入 W，数值为 0，按 Enter 键确认两次，即可恢复默认设置。

步骤 18：重复以上命令，完善原始结构图，最终效果如图 9-82 所示。

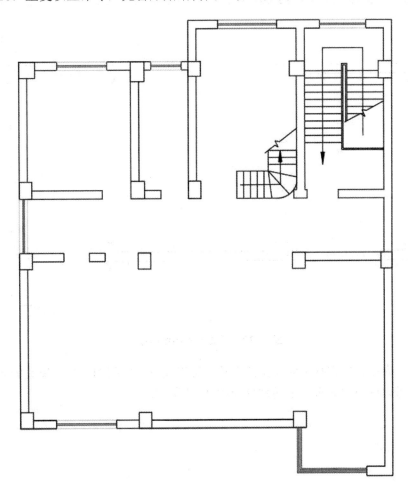

图 9-82 最终原始结构效果图

三、绘制户型平面布置图

平面布置图是建筑物布置方案的一种简明图解形式，用以表示建筑物、构筑物、设施、设备等的相对平面位置。

步骤 1：打开源文件"原始结构图.dwg"，如图 9-83 所示。

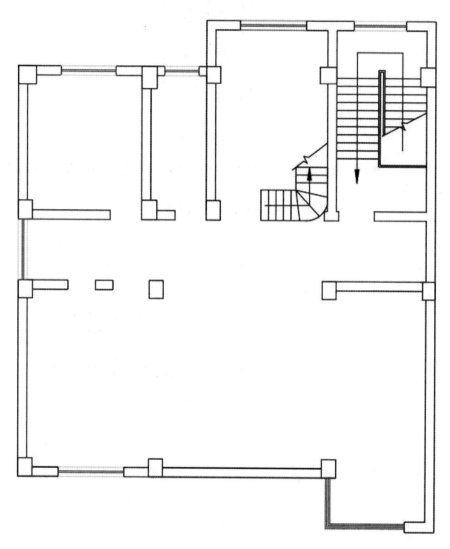

图 9-83　源文件原始结构图

步骤 2：为更好地进行平面家具的布置，可以先进行空间的划分，家具的布置除了美观还要充分考虑住户的需求。空间划分如图 9-84 所示。

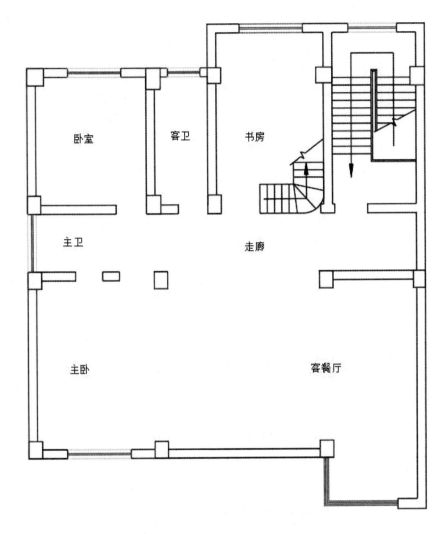

图 9-84　平面布置图空间划分

　　步骤 3：为了方便作图，可以把常用家具打成块或组，这样在设计布置平面图时，可以直接插入块素材，大大提高工作效率。在宽广的地方，可以通过墙体的改造（非承重墙）或增加隔断来更大限度地利用空间。如图 9-85 所示。

　　步骤 4：为美化梁柱，可以在梁柱处通过定制的衣柜把柱子封起来，这样既美观又实用，如图 9-86 所示。或可以在柱子和墙体之间设计收纳隔断柜，柱子作为实体，给人踏实感觉。柜体上放些花瓶摆件，显得很有格调。

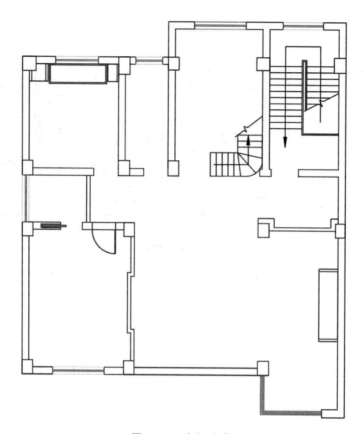

图 9-85　空间改造

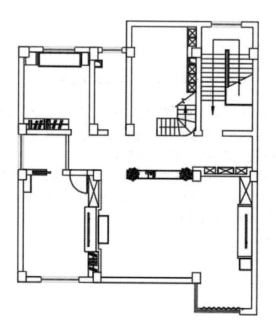

图 9-86　梁柱美化

步骤 5：根据人体工程学，设计家具尺寸，也可以将收集的家具块组素材插入，合理规划空间，如图 9-87 所示。

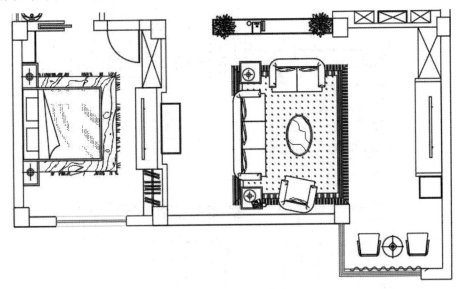

图 9-87　区域设计

步骤 6：主卫空间较小，传统的平开门将会影响门的活动范围。在不影响使用的前提下，换做推拉门将更好。使用隔断可以大大减小物体所占用的空间，给人留有更大活动空间。如图 9-88 所示。

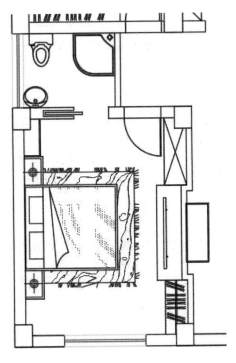

图 9-88　主卫布置

步骤 7：通过以上步骤合理设计，最终效果如图 9-89 所示。

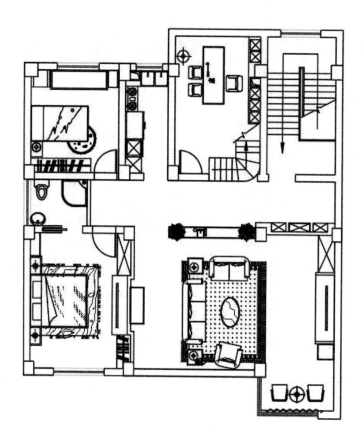

图 9-89　最终效果图

【任务小结】

1. 在室内设计中，不得在承重墙上穿洞、拆除连接阳台和门窗的墙体，不得扩大原有门窗尺寸或者另建门窗。

2. 在家庭装修中，要注重空间层次性，如光线的由亮到暗、色彩的由冷到暖、纹理的由简到繁、造型的由小到大等，能够让室内更显深度和广度。

【拓展练习】

1. 请根据某住宅平面布置如图 9-90 所示，画出原始结构图，并重新合理布置家具。
要求：
（1）符合制图规范。
（2）比例、尺度适宜，符合人体工程学。
（3）设计合理。

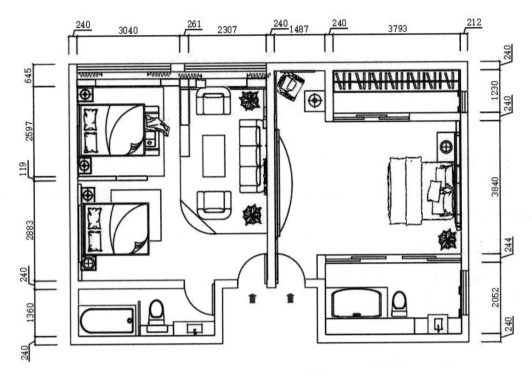

图 9-90 平面布置图

项目十 建筑施工图

【学习目标】

通过本项目学习，掌握绘制建筑施工图的技巧与方法，能够用不同命令工具绘制简单的建筑结构。

【项目综述】

用 AutoCAD 绘制建筑的总平面图、平面图如图 10-1 所示、立面图如图 10-2 所示、剖面图如图 10-3 所示和建筑详图。

【任务简介】

1. 任务要求与效果展示

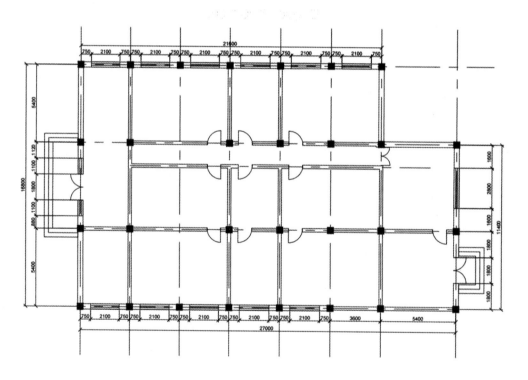

图 10-1　建筑平面图

图 10-2　建筑立面图

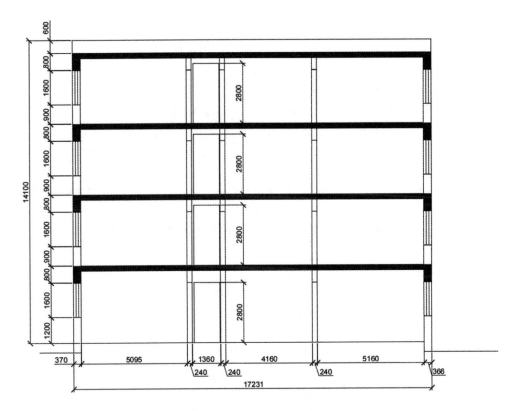

图 10-3　建筑剖面图

2. 知识技能目标

掌握 AutoCAD 的建筑绘制方法和一些建筑标注规范。熟练创建建筑绘图模板。

掌握各种投影法的基本理论和作图方法。

能通过作图方法解决一般的空间度量问题和定位问题。

能够掌握徒手作图技能，并能正确地阅读一般建筑图纸。

【任务实施】

任务子模块 1
绘制建筑平面图

实践是把思想素质、政治信仰、道德规范、文化素养等思想政治教育内涵呈现在具体生活和活动中，是知行合一的过程，更是对言行是否一致的检验，是育人的重要举措。因此，在学习设计的过程中，同学们可以在库伯学习圈理论的指导下，通过不断获得体验、进行反思，将所学内容应用于实践，来提升自身专业能力。

建筑物的正俯视图（投影图）即建筑物平面图，主要表明建筑的平面形状、大小、内部布局和占地面积等情况。绘制建筑平面图的总体思路为先整体再局部，在绘制时一般从最底层开始，也符合实际建房的流程。

【重点和难点】

绘制出建筑的平面形状、大小、房间布局，以及墙体、门窗等。

熟练掌握绘制墙体和窗户结构的工具。

一、用 AutoCAD 绘制平面图的步骤

步骤 1：新建图层，如墙体、轴线、柱网、门窗等图层，修改参数。

步骤 2：设置图形界限。绘制矩形，双击鼠标滚轮，可以使矩形全部显示在绘图区中。执行 EXPLODE 命令，分解矩形，作为基准线。或命令行输入"LIMITS（图形界限）"命令设置绘图区域的大小。

步骤 3：轴线的绘制。绘制水平和竖直定位轴线基准线，执行"OFFSET（偏移）和 TRIM（修剪）"命令将轴线定位绘制完善，并对轴线进行编号，标注尺寸线。

步骤 4：根据轴线绘制平面图墙体位置。执行"MLINE（多线）"命令绘制外墙体轮廓。

步骤 5：绘制内墙体。

步骤 6：绘制门窗洞、楼梯等细部。

步骤 7：画尺寸线，尺寸标注全局比例为绘图比例的倒数；书写文字，文字字高为图纸上的实际字高与绘图比例倒数的乘积。

二、平面图绘制实例

1. 设置和管理图层，新建如表 10-1 所示图层。

表 10-1　新建图层

名称	颜色	线型	线宽
轴线	蓝色	Center	默认
柱网	白色	Continuous	默认
墙体	白色	Continuous	0.7
窗户	红色	Continuous	默认
门	红色	Continuous	默认
台阶	红色	Continuous	默认
楼梯	红色	Continuous	默认
标注	白色	Continuous	默认

2. 设定绘图区域大小为 50000×50000，命令行输入"LTSCALE"命令，设置线型全局比例因子为 100（绘图比例的倒数）。

3. 打开极轴追踪、对象捕捉及捕捉追踪功能。设置极轴追踪角度增量为 90°，仅沿正交方向进行捕捉追踪，设定对象捕捉方式为【端点】、【交点】和【垂足】。

4. 命令行输入"LINE"命令，绘制水平及竖直作图基准线，然后命令行输入"OFFSET"、"BREAK"及"TRIM"等命令形成轴线，如图 10-4 所示。

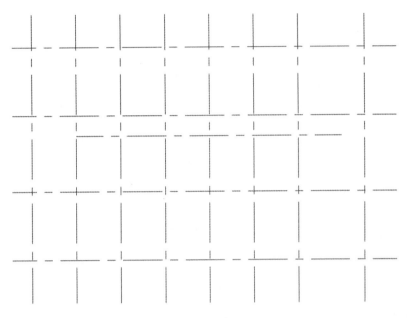

图 10-4　绘制轴线

5. 在绘图区绘制柱的横截面图，先画一个绘制一个边长为 450 的正方形，连接两条对角线。执行"SOLID"命令，图案填充图形，如图 10-5 所示，正方形两条对角线的交点可作为柱截面的定位基准点。

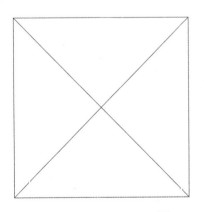

图 10-5　绘制柱

6. 命令行输入 "COPY" 命令，形成柱网，如图 10-6 所示。

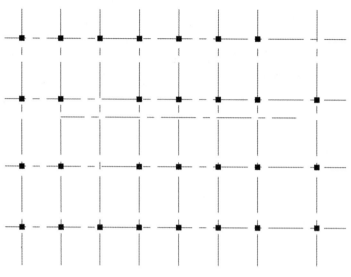

图 10-6　形成柱网

7. 创建如表 10-2 所示的多线样式。

表 10-2　多线样式

样式名	元素	偏移量
墙体-370	两条直线	145、-225
墙体-240	两条直线	120、-120

8. 关闭【柱网】层，指定墙体-370 为当前样式，命令行输入 "MLINE" 命令，绘制建筑物外墙体。再设定墙体-240 为当前样式，绘制建筑物内墙体。命令行输入 "MLEDIT" 命令，编辑多线相交的形式，再分解多线，修剪多余的线条，如图 10-7 所示。

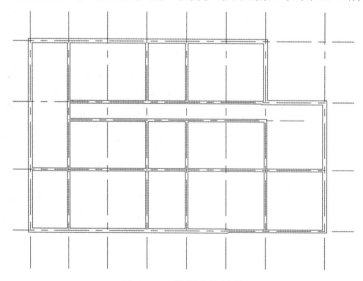

图 10-7　绘制内外墙体

9. 命令行分别输入"OFFSET"、"TRIM"和"COPY"命令，绘制门洞和窗洞，如图10-8所示。

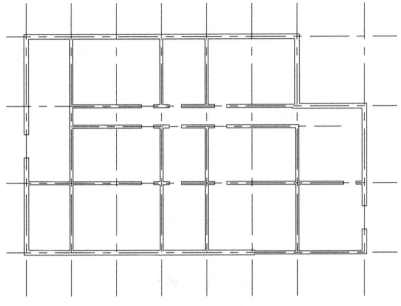

图 10-8　绘制门窗洞

10. 创建如表 10-3 所示的多线样式。

表 10-3　多线样式

样式名	元素	偏移量
窗 2100	四条直线	185、62、−62、−185

11. 指定窗 2100 为当前样式，命令行输入"MLINE"命令，绘制窗户，如图10-9所示。

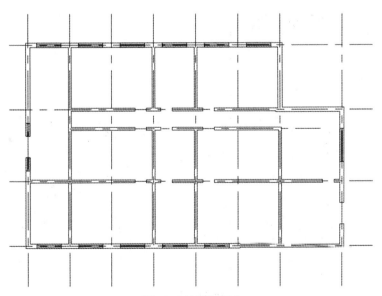

图 10-9　绘制窗户

12. 命令行分别输入"CIRCLE"、"LINE"、"TRIM"和"COPY"命令，绘制门，如图 10-10 所示。

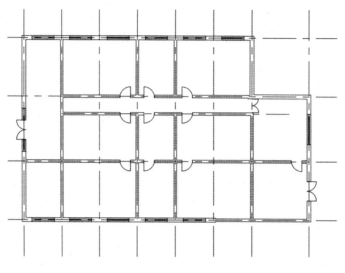

图 10-10　绘制门

13. 创建如表 10-4 所示的多线样式。

表 10-4　多线样式

样式名	元素	偏移量
外台 6000	三条直线	600、300、0

14. 指定外台 6000 为当前样式，命令行输入"MLINE"命令，绘制外台。细节尺寸如图 10-11（a）效果如图 10-11（b）所示。

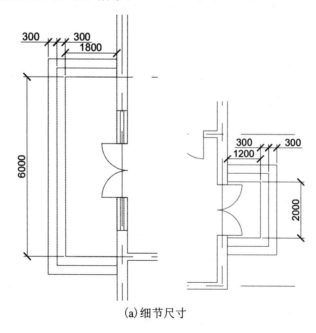

(a)细节尺寸

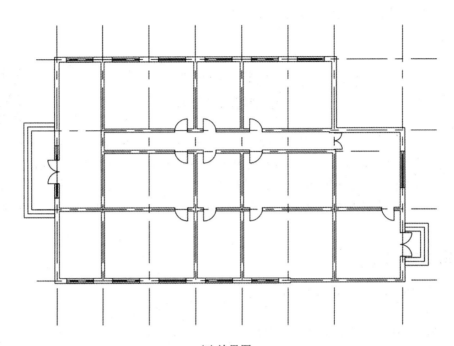

(b) 效果图

图 10-11 绘制外台

15. 打开【柱网】层，在绘图区标注尺寸，命令行输入"DIMSTYLE"命令，弹出【标注样式管理器】对话框。单击【修改】按钮，在【修改标准样式：ISO-25】对话框中进行相关设置。设置【符号和箭头】-【箭头】为建筑标记，【文字】-【文字高度】为2.5，【调整】-【使用全局比例】为100，【主单位】-【精度】为0。如图 10-12 所示。

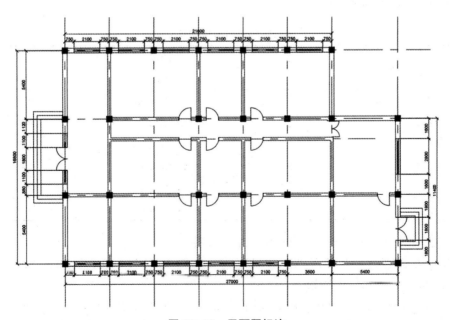

图 10-12 平面图标注

16. 将文件以名称"建筑平面图.dwg"保存。

任务子模块 2
绘制建筑立面图

党的二十大报告首次提出新时代新征程党的中心任务，即全面建成社会主义现代化强国、实现第二个百年奋斗目标，以中国式现代化全面推进中华民族伟大复兴，中国式现代化，既是发展路径，也是奋斗目标。作为设计者在设计建筑时，也应使其具有中国式特色。

建筑立面图是按不同投影方向绘制的房屋侧面外形图，主要显示房屋正面及侧面的结构和外貌。

【重点和难点】

掌握从平面图投影绘制出建筑正面结构图。

能够辨别平面图投影方向，区别清楚建筑立面图的结构。

一、用 AutoCAD 绘制立面图的步骤

步骤 1：新建图层，如建筑轮廓层、轴线层。

步骤 2：绘制布局线。从平面图画建筑物轮廓的竖直投影线、室外地平线、屋顶线等。

步骤 3：以布局线为作图基准线，定门窗位置，画门窗洞、窗户等，绘制墙面细节。

步骤 4：标注尺寸，尺寸标注全局比例为绘图比例的倒数；书写文字，文字字高为图纸上的实际字高与绘图比例倒数的乘积。

二、立面图绘制实例

1. 创建如表 10-5 所示的图层。

表 10-5　新建图层

名称	颜色	线型	线宽
轴线	蓝色	Center	默认
构造	白色	Continuous	默认
轮廓	白色	Continuous	0.7
地坪	白色	Continuous	1.0
窗洞	红色	Continuous	0.35
窗户	红色	Continuous	0.35
标注	白色	Continuous	默认

当创建不同种类的对象时，应切换到相应图层。

2. 设定绘图区域大小为 50000×50000，命令行输入"LTSCALE"，再设置线型全局比例因子为 100（绘图比例的倒数）。

3. 打开极轴追踪、对象捕捉及捕捉追踪功能。设置极轴追踪角度增量为 90°，仅沿正交方向进行捕捉追踪，设定对象捕捉方式为【端点】、【交点】和【垂足】。

4. 插入文件"建筑平面图.dwg"，关闭文件的【标注】、【柱网】层。

5. 从平面图绘制竖直投影线，命令行输入"LINE"、"OFFSET"和"TRIM"命令，绘制屋顶线、室内外地坪线等，如图 10-13 所示。

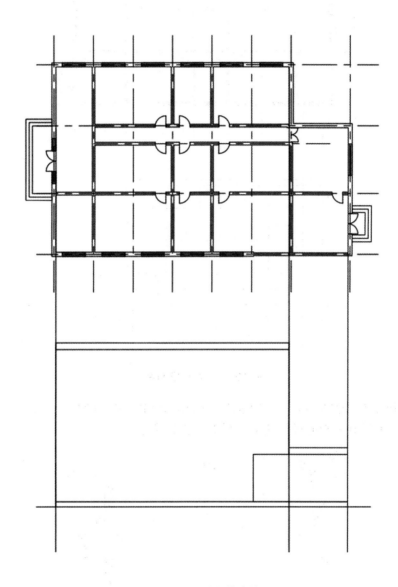

图 10-13　绘制轮廓线

6. 从平面图绘制竖直投影线，命令行输入"OFFSET"和"TRIM"命令，绘制窗洞线，如图 10-14 所示。

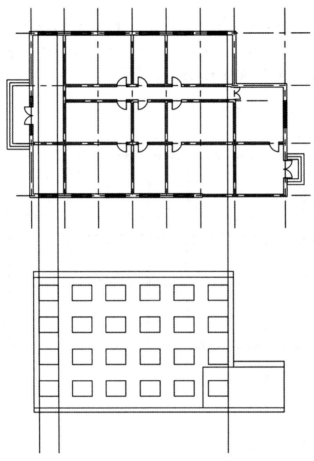

图 10-14　绘制窗洞线

7. 命令行输入"OFFSET"、"TRIM"、"CHAMFER"和"COPY"命令，绘制窗户细节，细节尺寸如图 10-15(a)最终效果如图 10-15(b)所示。

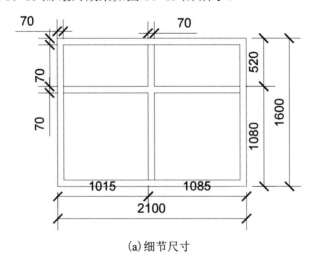

(a)细节尺寸

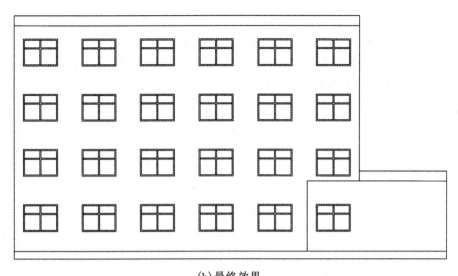

（b）最终效果

图 10-15　绘制窗户细节

8. 从平面图绘制竖直投影线，命令行输入"OFFSET"和"TRIM"命令，绘制雨篷和室外台阶，雨篷厚度为 500，室外台阶三级，每级高为 150。如图 10-16 所示。

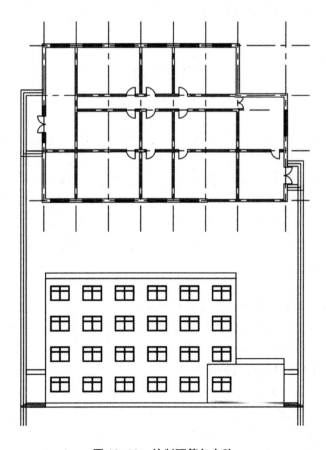

图 10-16　绘制雨篷与台阶

9. 标注尺寸，命令行输入"DIMSTYLE"命令，弹出【标注样式管理器】对话框。单击【修改】按钮，在【修改标准样式：ISO-25】对话框中进行相关设置。设置【符号和箭头】-【箭头】为建筑标记，【文字】-【文字高度】为2.5，【调整】-【使用全局比例】为100，【主单位】-【精度】为0。如图10-17所示。

图 10-17   立面图标注

10. 将文件以名称"建筑立面图.dwg"保存。

任务子模块 3
绘制建筑剖面图

新时代新征程上，必须坚持为人民服务、为社会主义服务，坚持百花齐放、百家争鸣，坚持创造性转化、创新性发展，以社会主义核心价值观为引领，发展社会主义先进文化，不断提升国家文化软实力和中华文化影响力。绘制建筑剖面图时，设计者首要考虑的是人们的生活习惯，其次才是美观。

剖面图主要用于表示房屋内部的结构形式、分层情况及各部分的联系等。剖面图中的断面，其材质图例与粉刷面层和楼、地面面层线的表示原则及方法，与平面图处理一致。

【重点和难点】

绘制垂直方向的建筑截面图、建筑层数层高。

了解地、楼、屋面的构造，墙体的剖切情况。掌握从平面图及立面图的投影图准确绘制出建筑在剖面的主要结构形式。

一、用 AutoCAD 绘制剖面图的步骤

步骤 1：新建图层，如墙体层、楼面层、门窗洞及构造层。

步骤 2：绘图环境设置，设置图形界限。绘制剖面图的主要布局线，从平面图、立面图绘制建筑物轮廓的投影线，修剪多余线条。

步骤 3：将平面图、立面图放在一个图形中，以这两个图为基础绘制剖面图。

步骤 4：以布局线为基准线，绘制未剖切到的墙面细节，如阳台、窗台、楼梯等。

步骤 5：标注尺寸，尺寸标注全局比例为绘图比例的倒数；书写文字，文字字高为图纸上的实际字高与绘图比例倒数的乘积。

二、剖面图绘制实例

1. 创建如表 10-6 所示的图层。

表 10-6　新建图层

名称	颜色	线型	线宽
轴线	蓝色	Center	默认
楼面	白色	Continuous	0.7
墙体	白色	Continuous	0.7
地坪	白色	Continuous	1.0
门窗	红色	Continuous	默认
构造	红色	Continuous	默认
标注	白色	Continuous	默认

当创建不同种类对象时，应切换到相应图层。

2. 设定绘图区域大小为 50000×50000，命令行输入"LTSCALE"命令，设置线型全局比例因子为 100（绘图比例的倒数）。

3. 打开极轴追踪、对象捕捉及捕捉追踪功能。设置极轴追踪角度增量为 90°，仅沿正交方向进行捕捉追踪，设定对象捕捉方式为【端点】、【交点】和【垂足】。

4. 将文件"建筑平面图.dwg""建筑立面图.dwg"插入进来，关闭两个文件中的【标注】、【柱网】层。

5. 将建筑平面图旋转 90°，并移动到合适位置。从立面图和平面图绘制剖面图投影线，再绘制屋顶左、右端面线，如图 10-18 所示。

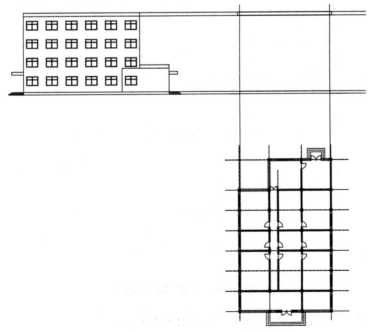

图 10-18　绘制屋顶端面线

6. 从平面图绘制竖直投影线，投影墙体，如图 10-19 所示。

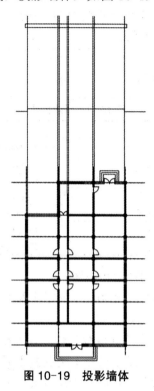

图 10-19   投影墙体

7. 从立面图绘制水平投影线，命令行输入"OFFSET"和"TRIM"命令，绘制楼板、窗洞，如图 10-20 所示。

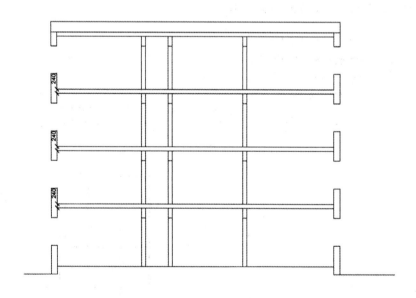

图 10-20   绘制楼板和窗洞

8. 绘制窗户、门、柱及其他细节，如图 10-21 所示。

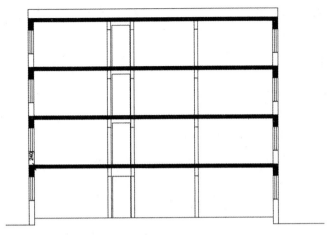

图 10-21　绘制窗户、门等

9. 标注尺寸，命令行输入 "DIMSTYLE" 命令，弹出【标注样式管理器】对话框。单击【修改】按钮，在【修改标准样式：ISO-25】对话框中进行相关设置。设置【符号和箭头】-【箭头】为建筑标记，【文字】-【文字高度】为 2.5，【调整】-【使用全局比例】为100，【主单位】-【精度】为 0。如图 10-22 所示。

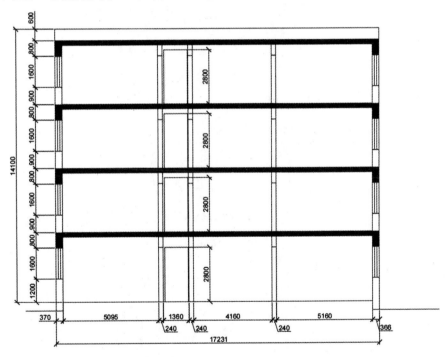

图 10-22　剖面图标注

10. 将文件以名称 "建筑剖面图.dwg" 保存。

【任务小结】

通过本章学习和操作，掌握绘制建筑总平面图、平面图、立面图和剖面图的方法和技巧，能熟练运用 AutoCAD 2023 的制图工具，在绘制过程中独立思考创新，得到属于自己的绘图方法与技巧。

【拓展练习】

1. 建筑平面图绘制如图 10-23。

要求：

（1）绘图前，进行环境设置、建立新图层；

（2）要有明确的作图过程，根据作图原则流程绘图；

（3）标明尺寸标注。

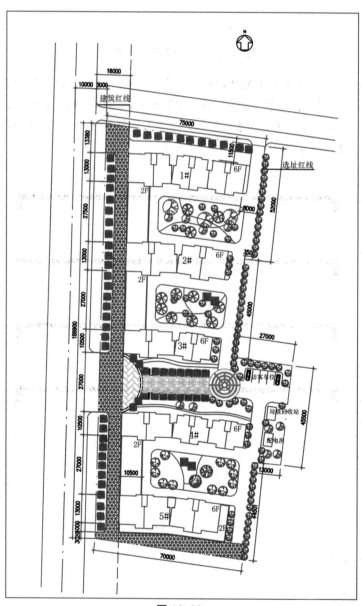

图 10-23

2. 建筑立面图绘制如图 10-24。

要求：

（1）绘图前，进行环境设置、建立新图层。

（2）注意门窗、扶手等细部绘制，建立好标高。

（3）可根据参考图绘制。

图 10-24

参考文献

[1] 陈国俊.AutoCAD+3ds Max 工程制图、室内外表现及建筑动画完全教程[M]. 北京：中国青年出版社，2012.

[2] 郭林森，杨希博，马金鑫.AutoCAD 2016 室内设计教程[M]. 北京：中国青年出版社，2018.

[3] 姜勇，张迎，周克媛.AutoCAD 2018 从入门到精通[M]. 北京：化学工业出版社，2019.

[4] 李波，刘霜霞. 详解 AutoCAD 中文版室内装潢设计[M]. 北京：中国铁道出版社，2012.

[5] 聂丹. 建筑识图与 CAD[M]. 北京：北京理工大学出版社，2021.

[6] 冉治霖，相会强，祝淼英.CAD 制图[M]. 成都：电子科技大学出版社，2020.

[7] 天工在线. 中文版 AutoCAD 2022 从入门到精通（实战案例版）[M]. 北京：中国水利水电出版社，2021.

[8] 王毅芳. 建筑 CAD[M]. 北京：北京理工大学出版社，2021.

[9] 徐海峰，胡洁，刘重桂. 中文版 AutoCAD 2016 室内装潢设计案例教程[M]. 镇江：江苏大学出版社，2017.

[10] 叶苹，李少红，何杰.AutoCAD 2009 中文版室内设计从入门到精通[M]. 北京：中国铁道出版社，2010.

[11] 周敏，林权，罗万鑫.AutoCAD 2020 完全自学一本通[M]. 北京：电子工业出版社，2020.